普通高等教育信息技术类系列教材

人工智能导论

曹玉林　冶忠林
郑钰辉　韩佳新　编著

科学出版社
北　京

内 容 简 介

全书共 12 章。第 1 章介绍人工智能的基本定义和发展历程；第 2～4 章介绍知识表示、推理技术和模糊数学；第 5～7 章介绍计算智能、专家系统及知识发现；第 8～10 章介绍机器学习、神经计算与自然语言处理；第 11 章探讨深度学习、强化学习及图神经网络等核心技术；第 12 章介绍人工智能的发展趋势。

本书适合作为计算机、人工智能、数据科学、深度学习等专业学生的通识课教材，也适合企业技术开发者、行业从业人员阅读。

图书在版编目（CIP）数据

人工智能导论 / 曹玉林等编著. -- 北京 ：科学出版社，2025. 4.
ISBN 978-7-03-081904-8

Ⅰ. TP18

中国国家版本馆 CIP 数据核字第 20259E096L 号

责任编辑：赵丽欣 / 责任校对：王万红
责任印制：吕春珉 / 封面设计：东方人华平面设计部

科学出版社出版
北京东黄城根北街 16 号
邮政编码：100717
http://www.sciencep.com

天津市新科印刷有限公司印刷
科学出版社发行　各地新华书店经销
*
2025 年 4 月第　一　版　开本：787×1092 1/16
2025 年 4 月第一次印刷　印张：11 3/4
字数：275 000

定价：49.00 元

（如有印装质量问题，我社负责调换）

销售部电话 010-62136230　编辑部电话 010-62134021

前　言

人工智能作为现代科技最重要的研究方向之一，自提出以来，已经成为驱动技术变革、经济发展和社会进步的核心力量。从早期的专家系统到当下的深度学习，从单一任务的自动化到多模态大模型的智能化应用，人工智能的发展呈现出日益广泛和深远的影响。

人工智能的本质是研究如何通过计算机实现模拟、延伸和扩展人类智能的技术与理论。其核心目标在于使机器能够像人类一样“思考”和“行动”，完成感知、认知、学习、推理和决策等复杂任务。在感知层面，人工智能通过图像识别、语音识别和自然语言处理等技术，使计算机能够理解和解释外部环境的多模态数据。在认知层面，人工智能致力于构建知识表示和推理模型，使得机器不仅能够存储和检索信息，还能够对信息进行推断和解释。在学习方面，机器学习为人工智能赋予了从数据中提取规律的能力，特别是深度学习的兴起，极大地提升了人工智能在模式识别和生成任务中的表现。在推理和决策方面，人工智能通过逻辑推理、强化学习和优化算法，为复杂问题提供了智能化的解决方案。

人工智能不仅是一种技术工具，更是一场对人类智慧本质的深刻探索。它不仅在计算能力、算法设计和数据处理等技术层面取得了显著进步，也在本质上探讨了人类如何理解自身的思维方式和决策过程。人工智能的发展不仅仅是为了简化任务或提高效率，更是通过模拟人类智能来更好地服务于社会和人类自身。随着技术的不断演进，人工智能正在从最初单纯辅助决策者的“助手”角色，向更高级、更智能的“智能体”方向迈进。这些智能体不仅能够根据预定规则处理复杂问题，还具备一定的自适应能力，能够在动态环境中学习、优化自身表现，并做出创新性的决策。与此同时，人工智能也引发了对伦理、安全、隐私等问题的思考。

人工智能作为一门交叉学科，融合了数学、计算机科学、认知科学、生物学等多个领域，已经广泛应用于医疗、教育、交通、金融、制造等行业。从个性化推荐算法到自动驾驶技术，从智能助理到工业机器人，人工智能深刻改变了人类的生产与生活方式，不仅提高了现有技术的效率，还开辟了许多全新的研究方向，为未来的科技创新奠定了坚实基础。在这一背景下，人工智能的影响力不断向深度和广度扩展。但与此同时，其知识体系也变得更加庞大而复杂。面对这一趋势，我们重新梳理了人工智能知识体系，并撰写了本书，旨在为读者提供一份全面且深入的指南，帮助理解人工智能的基本理论、核心技术和最新发展。在日新月异的科技浪潮中，我们希望本书能够成为读者认识人工智能、思考其未来的重要起点。

人工智能是一门合作与交叉的学科。在撰写本书的过程中，我们借鉴了许多前沿研究和实践经验。在此，特别感谢那些为人工智能发展贡献力量的科学家、工程师和教育者，是他们的智慧和努力推动着技术的进步。同时，我们特别致谢王朝阳、刘云霞、霍宣蓉、李格格、刘鸿凯、王雪力、周琳、石孝安、宋桂镕、文浩祥、王鑫奥、梁李昕田、黄超琳和张君成等为本书起草、撰写和修改付出的努力。

本书的完成得到了国家重点研发计划（2020YFC1523300）和青海省创新平台建设项目（2022-ZJ-T02）的资助。

由于作者水平有限，书中难免存在疏漏之处，恳请读者指正。如有任何意见或建议，请通过电子邮件与作者联系：yezhonglin@qhnu.edu.cn。

著 者

2024 年 12 月

目　　录

第1章 绪论

1.1 人工智能的定义和发展

1.1.1 人工智能基本定义

人工智能（artificial intelligence，AI），如同许多新兴学科一样，目前尚无统一的定义，因此给人工智能下一个准确的定义是困难的。我们所探讨的人工智能，也被称为机器智能或计算机智能。无论使用哪个名称，都表明其所包含的“智能”是由人制造的，或者是由机器和计算机表现出来的智能，以区别于自然智能，特别是人类智能。因此，人工智能本质上有别于自然智能，是一种通过人工手段模仿的人造智能。下面是一些人工智能的基本定义。

1. 定义1.1：智能

智能（intelligence）是人们理解和学习事物的能力，或者说是思考和理解的能力，而不是本能做事的能力。智能的另一种定义是应用知识处理环境的能力，或由目标准则衡量的抽象思考能力。

2. 定义1.2：智能机器

智能机器（intelligent machine）是一种能够表现出人类智能行为的机器。智能机器也可以被认为是一种能够在不确定环境中执行各种拟人任务以达到预期目标的机器。

3. 定义1.3：人工智能

人工智能旨在让机器像人类一样思考、学习、推理和解决问题。总体而言，人工智能的目的就是使计算机具备与人类相似的思考能力。其核心目标是通过设计算法和系统，使计算机能够在不同环境中自主决策并执行复杂任务。

人工智能的定义揭示了以下两个重要方面。

（1）智能的模拟：通过算法和程序来模仿人类的认知功能，如感知、推理、学习和决策。

（2）任务执行：被设计用于完成特定任务。这些任务通常涉及复杂的决策和对大量数据的处理。

1.1.2 狭义和广义人工智能

狭义人工智能是当前人工智能技术的主流，设计目标通常是解决特定领域的问题。它表现为专门用于特定任务的智能系统，如语音识别、图像处理、推荐系统、自动驾驶等。这类人工智能系统无法脱离其特定的任务环境，其智能仅限于某一特定领域。

广义人工智能则指具有人类一般智能水平的人工智能系统，能够自主解决多种复杂问题，并具备跨领域的学习和适应能力。这类人工智能可以像人类一样在不同环境中思考、学习和适应新的任务。尽管广义人工智能仍处于理论和实验阶段，但它是许多人工智能研究者追求的最终目标。

计算机科学的奠基人艾伦 • 图灵（Alan Turing）曾经思考过一个重要的问题：机器能思考吗？1950 年 10 月，图灵在其划时代的论文“Computing Machinery and Intelligence”中探讨了“机器是否能思考”这一根本问题。图灵设计了一种实际测试方法来验证机器是否能够表现得像人类一样聪明，这就是后世广为人知的“图灵测试”。他的测试方法基于一个简单但精妙的模仿游戏。在这个模仿游戏中，存在三位参与者：一位是人类的问话者，另外两位是隐藏起来的答题者（其中一个是人类，另一个则是机器）。问话者的任务是通过文字问答来判断谁是人类、谁是机器。

整个交流是通过文字进行的，因此机器的外观或声音不会影响问话者的判断。如果机器能够在这场问答游戏中骗过问话者，使其无法正确辨认出它与人类之间的区别，那么图灵认为可以说这台机器“通过了测试”，即表现出了“智能”。通过图灵测试不仅仅是让机器模拟语言交流的表面行为，而是要求机器展示某种深层次的理解力和适应性。图灵测试为后来的研究指明了方向：机器智能不仅仅在于其计算能力，而在于它能否与人类互动，模仿人类的思维。

由 Google DeepMind 团队开发的围棋人工智能程序 AlphaGo 是人工智能领域的重要里程碑，它展示了人工智能在解决复杂问题上的强大能力。围棋棋盘上可能的局面数远超普通计算机内存能够储存的数量，是一种极其复杂的棋类游戏，其复杂性远远超过国际象棋，因此传统的基于穷举搜索的棋类程序在围棋中难以取得成功。

AlphaGo 首次引起全球关注是在 2015 年，当时它击败了欧洲围棋冠军，成为第一个在正式比赛中击败职业围棋选手的人工智能程序。最著名的比赛发生在 2016 年，AlphaGo 以 4∶1 的比分击败了世界围棋冠军。这次胜利震撼了世界，表明人工智能可以在复杂战略游戏中超过人类顶尖高手。AlphaGo 的成功展示了深度学习和强化学习在处理高复杂度问题中的潜力，激发了更多学者和工程师将这些技术应用于其他领域。这为人工智能在未来科学研究、工程设计、金融分析等领域的应用提供了重要的启示。AlphaGo 让我们看到了人工智能在解决复杂问题方面的广泛潜力，同时也展示了计算机科学与人类智慧之间的紧密结合。

1.1.3 人工智能的发展历程

人工智能的概念可以追溯到 20 世纪 50 年代，当时科学家们开始思考如何让机器表现出智能行为。这个阶段的主要特点是对符号主义和逻辑推理的探索。1956 年的达特茅斯会议标志着人工智能的正式诞生。约翰·麦卡锡（John McCarthy）在这次会议上首次提出了“人工智能”这一术语，旨在研究如何让机器模拟人类智能。这次会议被认为是人工智能领域的起点。早期的人工智能研究集中于符号推理，研究人员试图通过使用逻辑和规则系统来解决问题。例如，艾伦·图灵的“图灵机”和他提出的图灵测试是早期人工智能理论的重要贡献。

随着符号主义方法取得的一些早期成功，人工智能领域在20世纪60年代和70年代迎来了第一个热潮。研究人员开始开发专家系统，试图通过编码专家知识来解决复杂的实际问题，如医疗诊断和工程设计。DENDRAL 和 MYCIN 是这一时期著名的专家系统。研究人员对人工智能的发展充满乐观，认为智能机器的出现只是时间问题。然而，随着现实问题的复杂性超出了符号推理的能力，人工智能经历了第一个“寒冬”。在解决实际问题时，人工智能面临许多挑战，特别是在处理复杂性、模糊性和不确定性方面，许多符号主义项目未能如预期取得成功，导致研究资金大幅减少，人工智能相关研究进入寒冬时期。

在20世纪80年代，人工智能开始从寒冬中复苏，部分原因是计算能力的提高和一些新的技术突破，特别是神经网络的重新崛起。受生物神经系统启发的人工神经网络模型在这个阶段重新获得关注。反向传播算法的发明使得多层神经网络的训练成为可能，标志着深度学习雏形的出现。这一进展为后来的深度学习发展奠定了基础。

虽然符号主义的方法在许多复杂问题上遇到了困难，但一些基于规则的专家系统在特定行业内表现出色。尤其是在金融、医学和制造业领域，专家系统帮助解决了专业性问题。近十多年来，机器学习、计算智能、人工神经网络等和行为主义的研究深入开展，形成高潮。同时，不同人工智能学派间的争论也非常热烈，这些都推动了人工智能研究的进一步发展。

1.2 人类智能和人工智能

智能是一个人类学术领域的术语，指的是人类认识世界和改造世界的才智和能力。智能包括“智”和“能”两个方面。“智”主要指人对事物的认识能力；“能”主要指人的行动能力，包括各种技能和习惯。人类的“智”和“能”是结合在一起的，不可分离。人类的劳动、学习和语言交往等活动是“智”和“能”的统一体，是人类独有的智能活动。

从计算机视角来看，人本质上是一种智能信息处理系统，可以被视为一种物理符号系统。物理符号系统具有 6 种基本功能：输入符号、输出符号、存储符号、复制符号、建立符号结构和条件性迁移。其中，建立符号结构是指通过找出各个符号之间的关系，在符号系统中形成一种结构；条件性迁移是指根据已有符号，完成活动过程，即某种形式的推理过程。在物理符号系统中有一个核心假设：任何能够表现出智能的系统，必定能够执行输入符号、输出符号、存储符号、复制符号、建立符号结构和条件性迁移这 6 种功能。反之，任何具备这 6 种功能的系统，都能够表现出智能。在此基础上，有以下三个推论。推论一是，既然人具有智能，那么他一定是一个物理符号系统；推论二是，既然计算机是一个物理符号系统，它就一定能够表现出智能；推论三是，既然人是一个物理符号系统，计算机也是一个物理符号系统，那么就能够用计算机来模拟人的活动。这些假设和推论形成了人工智能研究的一种理论基础，解释了为什么和如何通过计算机来模拟和研究人类智能。

从以上假设和推论中不难看出人工智能模拟人类智能这一想法的诞生过程，以及人工智能和人类智能之间的密切联系。人类智能拥有的核心特征，如自主学习、创造力、情感和意识，是人工智能所没有的，而人工智能只是基于数学模型和算法来模拟人类的某些认知功能。如今，人工智能与人类智能形成了越来越多的合作关系。在许多领域中，人工智能能够辅助人类完成高效分析、优化和自动化任务，而人类则在复杂决策、创新和伦理问题上仍然起到关键作用。

1.3　人工智能的主要学派

人工智能涉及多学科交叉领域，涵盖了多个学派和研究方向。不同的学派侧重于不同的理论基础、方法论和应用场景，在推动人工智能发展方面发挥了各自的作用。以下介绍人工智能的几个主要学派。

（1）符号主义学派。又称符号逻辑学派，起源于早期人工智能研究，基于人类智能可被抽象为符号操作的假设。该学派认为，智能可以通过对符号进行操作来实现，并通过明确的规则和逻辑进行推理。符号主义学派主要关注逻辑和推理，通过符号和规则模拟人类智能。

（2）连接主义学派。又称生理学派，是根据人脑的生理结构和工作机理，研究和实现计算机智能。因为人脑是由神经细胞组成的神经网络，所以该研究途径就是用人工神经元组成的人工神经网络模型来存储信息和知识，用神经计算（数值计算）的方法实现自学习、联想、识别和推理功能。神经网络具有高度的并行分布性。

（3）行为主义学派。又称控制论学派，模拟人在控制过程中的智能活动和行为特性（自寻优、自适应、自学习），强调“现场 AI”即智能系统或智能机器能与环境交互，能对环境进行感知从而表现出智能行为。代表人物是麻省理工学院的 Brooks 教授，其著名实验是“六足机器虫”Genghis。Genghis 的设计灵感来自昆虫，它们的大脑功能有限，却拥有巨大的功能。为了模仿昆虫的这种特性，Brooks 教授将 Genghis 的所有认知处理器去掉，只留下“传感器-动作直连”的方法让它行走。所谓“传感器-动作直连”是指 Genghis 能够将感觉与所采取的行动联系起来，机器人没有任何预先计划的路径可循，而是在每个传感器检测到障碍物时采取行动。通过 Genghis，Brooks 教授开创了一种新的思维方式，即绕过明确的认知中心，支持将感知与行动更直接地配对。机器虫的设计不是为了有一个中央控制器来指导其所有可能功能，特别是腿部的功能；相反，每条腿都有自己的内置传感器，可以感知其路径上的各种障碍。

这些学派相互补充，推动了人工智能的发展，并在不同的领域中展现了各自的优势：符号主义主要应用于自然语言处理（natural language processing，NLP）和知识表示推理；连接主义主要应用于图像和语音识别；行为主义则主要应用于机器人和自主控制系统。在发展趋势上，随着深度学习和强化学习的兴起，连接主义和行为主义已经成为人工智能领域中的主流。

1.4 人工智能的应用领域

人工智能在许多行业和领域的应用不断增长，推动着各行各业的数字化转型和智能化发展。人工智能的应用不仅仅是技术创新，也为社会、经济、医疗等各个层面带来了深远的影响。

（1）医疗健康。人工智能在医疗领域的应用正迅速扩大，特别是在疾病诊断、治疗计划、药物研发和患者管理等方面。人工智能能够通过深度学习和大数据分析，帮助医疗行业提高效率、降低成本，并改善患者的治疗效果。例如，在疾病诊断与影像分析方面，人工智能可以帮助医生分析医疗影像（如X光、CT、磁共振成像等），快速识别出病变（如肿瘤、肺炎、骨折等）的区域。在实际应用中，谷歌的DeepMind在眼科图像分析上取得了显著进展，能够预测糖尿病视网膜病变、黄斑变性等眼病。在个性化治疗与精准医疗方面，人工智能通过分析病人的基因数据、电子病历、生活方式等信息，可以为患者制订个性化的治疗方案。在药物研发方面，人工智能通过对化学分子和药物反应的模拟，能够加速药物发现与开发。在虚拟健康助手与远程医疗方面，结合人工智能技术能够在没有物理接触的情况下为偏远地区或行动不便的患者提供医疗支持。

（2）金融行业。在金融行业，人工智能应用涵盖了风险管理、客户服务、投资决策、欺诈检测等多个方面。在信用评估与风险管理方面，人工智能可以通过分析消费者的金融行为和信用历史，帮助银行和金融机构评估信用风险，进行精准的贷款审批和债务管理，提高放贷效率并降低风险。在智能客服与机器人顾问方面，通过人工智能技术驱动的聊天机器人和虚拟顾问能够为银行和保险公司客户提供实时服务，包括账户查询、交易咨询、财务规划等。在投资决策方面，人工智能算法能够分析股票市场的大数据，使用人工智能模型预测市场走势，快速捕捉市场变化，做出高频交易决策。与人类交易员相比，人工智能能在更短时间内处理更多的数据并做出决策。在欺诈检测与安全方面，通过实时监控交易活动，分析交易模式，及时识别异常行为，以防止欺诈行为的发生。

（3）自动驾驶。自动驾驶技术依赖于人工智能的多个分支，特别是计算机视觉、深度学习、传感器融合和决策系统，使得汽车能够在没有人为干预的情况下进行驾驶。自动驾驶的汽车通过摄像头、激光雷达等传感器获取环境信息，通过人工智能技术进行实时分析和处理，以识别道路、障碍物、交通标志等元素。另一方面，人工智能驱动的路径规划系统能够在复杂的交通环境中选择最佳行驶路线，同时避开障碍物、遵守交通规则，并考虑其他车辆和行人的行为。自动驾驶汽车还可以使用强化学习等技术进行自我学习，积累驾驶经验，并根据不同的路况和天气条件不断优化决策过程。同时，通过车联网技术，人工智能技术能够让自动驾驶汽车与周围车辆和交通基础设施进行互动，优化整个交通系统的流畅性。

（4）教育。人工智能在教育领域的应用正在帮助教师和学生提高教学效果，尤其是在个性化学习和自动化评估方面。通过分析学生的学习进度、能力水平和兴趣，人工智能可以推荐最适合他们的学习内容，并提供个性化的学习路径。例如，智能学习平台可以根据学生的表现调整课程难度，确保每个学生都能以最有效的方式进行学习。此外，人工智能可以自动对学生的作业和考试进行评分，并提供及时反馈，节省教师的时间，同时确保评分的客观性和一致性。人工智能还可以作为虚拟教学助手，帮助解答学生的疑问，提供额外的辅导材料，并跟踪学生的学习进度。

（5）娱乐与媒体。人工智能在娱乐产业中的应用主要包括内容创作、推荐系统以及视频游戏等方面。创作者可以利用人工智能技术生成音乐、电影剧本和新闻文章，辅助内容创作；同时，人工智能能够根据用户的观看历史和兴趣偏好，推荐电影、电视节目或其他视频内容。在视频游戏中，人工智能控制的虚拟角色能够根据玩家的行为做出反应，提供更具挑战性和互动性的游戏体验。

（6）智能家居与物联网。在智能家居和物联网领域，人工智能通过与各种设备连接，为用户提供更智能的生活体验。用户可以通过语音助手控制家庭中的各种设备，包括灯光、温控和安防系统。智能家居系统可以学习用户的习惯，自动调节家居环境，例如，根据天气自动调节室内温度，或根据时间安排照明。人工智能与物联网结合，能够更智能地收集和分析数据，实现设备间的自动协同与优化。例如，智能冰箱能够监控食物库存，提醒用户购买食材。

（7）零售与电商。人工智能在零售和电商领域的应用主要集中在个性化推荐、库存与供应链管理、定价策略和客户服务等方面。在个性化推荐方面，人工智能通过分析用户的浏览历史、购买记录和评价反馈等数据，能够为消费者推荐他们可能感兴趣的商品，提高销售额和用户满意度；在库存与供应链管理方面，人工智能能够预测产品需求，优化库存管理，减少库存过剩或短缺，帮助商家降低运营成本；在定价策略方面，人工智能能够分析市场需求、竞争价格、季节性变化等因素，为商家提供动态定价策略，以实现最大利润；在智能客服与聊天机器人方面，人工智能驱动的聊天机器人能够为电商平台的用户提供 24h 在线服务，包括商品咨询、订单查询和售后服务等。这些智能客服不仅能快速响应，还能通过自然语言处理技术理解和解答客户问题，提高客户体验。

1.5 人工智能的影响

人工智能的出现对现实世界的各个方面产生了巨大且多维的影响。它带来了显著的积极改变，同时也伴随着一些潜在的挑战和风险。

在经济方面，人工智能深刻地影响着全球经济。其自动化能力显著提高了生产力和效率，降低了成本，不仅优化了传统行业，还催生了全新的行业和商业模式。大型科技公司借助人工智能的数据和技术优势加强市场主导地位，使行业结构趋于集中化。越来越多的国家在人工智能技术研发和应用上投入了大量资源，这种技术优势可能使这些国家在全球经济中占据更强的竞争地位。然而，这也带来了劳动力市场转型、收入不平等和社会调整等问题，需要我们加以正视。

在社会生活方面，人工智能对劳动力市场的影响是显著的。它有可能替代一些重复性高、可预测的工作，同时创造新的高技术岗位。目前，许多职业随着人工智能的出现而消失。例如，人工智能机器人可以自动执行装配、检查、包装等任务，取代人类在制造业的角色；自动驾驶技术可能减少对出租车司机的需求；银行柜员、客户服务等工作也可能逐渐被人工智能客服取代。然而，随着人工智能的普及，许多职业和技能需求随之增长，如人工智能工程师、数据分析师、机器学习专家等。另外，人类可以更多地从事需要创造性和社交能力的工作，如艺术创作、教育、心理咨询等。

在文化艺术方面，人工智能为艺术家提供了新的创作工具，降低了文化创作的门槛，推动了文化产业的变革，丰富了文化的多样性和表达形式。然而，人工智能也带来了原创性、版权、道德和文化认同等方面的挑战。人工智能在文化领域的应用仍在不断发展，未来它可能在更广泛的文化语境中继续改变人们的创作和消费方式。

在个人生活方面，人工智能越来越多地改变着人们的日常生活方式。从智能家居、虚拟助手到智能健康设备，人工智能技术正渗透到生活的方方面面，改善人类的生活质量。然而，人工智能的便利也带来了对个人隐私和安全的威胁。例如，智能家居设备可能监视用户的行为数据，广告推送可能导致隐私泄露。因此，在享受人工智能带来的便利的同时，我们需要更加重视隐私安全问题，并寻求解决方法。

在科技创新方面，人工智能推动了许多领域的科技创新。它在生物学、物理学、化学等基础学科中广泛应用，能够快速处理实验数据并挖掘隐藏的规律。另外，在药物研发方面，通过分析分子结构，预测潜在的药物分子，大大缩短了药物研发周期。人工智能与量子计算相结合，可以模拟复杂分子的行为，为新材料开发提供支持。随着人工智能的不断进步，我们在很多科学前沿领域获得了突破性发现，带来了更多科技进步和知识积累。

人工智能技术的发展为人类带来了前所未有的机遇。如何在利用人工智能提升生活质量、推动科技进步的同时，解决其所带来的潜在负面影响，是未来社会每个人都需要积极面对的问题。

第 2 章 知识表示方法

2.1 知识的一般概念

2.1.1 知识的定义

知识是人们在改造客观世界的实践中积累起来的认识和经验。它包括对事物的现象、本质、属性、状态、关系、联系和运动等的认识，以及解决问题的微观和宏观方法。在哲学上，知识通常被定义为“经过验证的真信念”。这一定义强调三个关键要素：首先，知识必须是真实的，即它必须反映客观现实；其次，个体必须相信这个命题，才能将其视为知识；最后，必须有合理的依据来证明这一信念的正确性。例如，科学知识的确立通常需要通过实验和观察来验证。知识的获取和形成是一个动态的过程。个体通过学习、经验和反思，不断地积累和更新知识。在这个过程中，信息的吸收、处理和整合至关重要。学习不仅限于被动接受，还包括主动探索和创造。通过与他人的互动和交流，个体能够拓展自己的知识边界。

在人工智能领域，知识是构建智能系统的基础，它使计算机能够模拟人类的智能行为。一般来说，把有关信息关联在一起所形成的信息结构称为知识。知识表示是这种知识的具体表达形式，采用一种计算机能够识别和处理的数据结构来呈现。知识揭示了现实世界中各种事物的相互联系，例如“雪是白色的”和“鸟有翅膀”这样的事实，都是我们对世界认知的体现。

在此背景下，专家们对知识有着不同的定义：Feigenbaum 将知识视为经过精心剪裁、塑造、解释、选择和转换的信息；Bernstein 认为知识是由特定领域的描述、关系和过程构成的；而 Heyes-Roth 则简洁地将知识定义为事实、信念和启发式的结合。这些定义共同描绘了知识在人工智能中的核心角色，指导着智能系统的设计和开发。

2.1.2 知识、信息、数据及其关系

在人工智能领域，知识、信息和数据构成了智能系统的核心架构。虽然这三者之间的关系复杂且微妙，但它们共同支撑着智能系统的功能和性能。

作为智能系统构建的基石，数据指的是未经处理的原始事实、数字或符号，通常以多种形式存在，如文本、图像、音频等。数据本身没有意义，只有在特定的上下文中经

过整理和处理后，才能被解读。例如，气温的读数、人口普查的数字等都是数据的表现形式。数据的获取来源于观察、测量和记录，是信息处理的基础。信息是在数据基础上经过处理、分析和整理后产生的有意义的内容。信息不是数据的集合，而是通过对数据的解释和上下文的应用，赋予其意义。例如，将多个气温读数整合成一个气象报告，或是将人口统计数据转换为关于某地区人群特征的分析，这些都属于信息的范畴。

信息为决策提供支持，是知识生成的重要依据。知识则是信息的深化，涉及对信息的深入理解和信息间关系的识别，是智能系统推理和决策的核心。例如，气象学家通过分析气象信息（如温度、湿度、风速等），不仅能够理解天气现象，还能根据这些信息进行天气预测和应对。知识的形成涉及对信息的内化、反思和经验积累，通常表现为个体或群体的智慧。简而言之，数据被转化为信息，信息升华为知识，三者共同驱动智能系统的功能实现。可以将其视为一个层级结构：数据是基础，信息是中间层，而知识则是顶层。

2.1.3　知识的要素

知识的要素是构成知识体系的基本单位，在人工智能和认知科学中扮演着至关重要的角色。通常来说，人工智能系统的知识包括事实、规则、控制和元知识，如图 2-1 所示。这些要素共同构成了智能系统的基础。

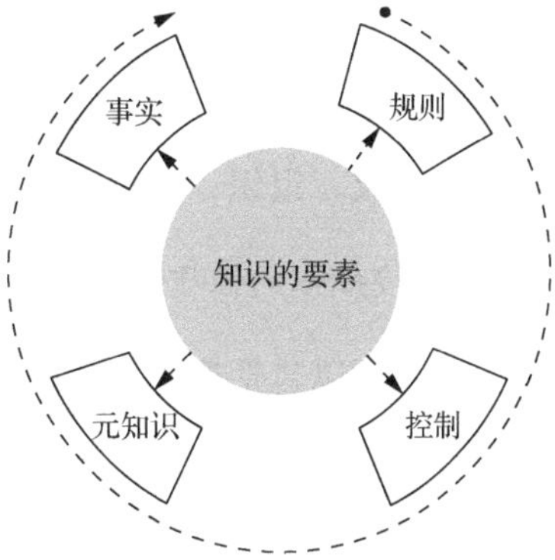

图 2-1　人工智能系统的知识要素

1. 事实

事实（fact）是知识的基本单元，通常指关于现实世界的陈述，反映某种真实的状态或情况。事实可以是具体的、客观的，例如“水的沸点是 100℃”，也可以是基于观察或测量的结果。它们通常以数据的形式存在，是系统进行推理和决策的基础。

2. 规则

规则（rule）是人工智能系统中用来表示知识的一种重要方式，通常以“如果……那么……”的形式表达。这种形式的规则可以捕捉因果关系和逻辑推理，使系统能够根据特定条件作出决策。例如，规则“如果患者有发热症状，那么可能是感染”可以帮助医疗人工智能系统在进行初步诊断时引导判断。

3. 控制

控制（control）知识是指关于如何操作和管理系统的知识。这类知识不仅包括执行任务所需的步骤和程序，还涵盖在执行过程中如何调整和优化决策的策略。控制知识常涉及动态环境下的适应能力，使系统能够在变化的条件下做出有效反应。控制知识通常通过算法和策略实现。

4. 元知识

元知识（meta-knowledge）是关于知识本身的知识，它涉及对知识的来源、结构、适用范围和限制等方面的理解。元知识帮助系统识别和管理其拥有的知识，使得知识的使用更为有效和高效。例如，元知识可以指明某个规则适用于哪些条件，或者某个事实的可靠性和权威性。

总之，事实、规则、控制和元知识这 4 个要素是人工智能系统中不可或缺的组成部分。它们相辅相成，共同支撑着人工智能系统的运行和发展。这些要素的有机结合，为实现更复杂的决策和问题解决提供了坚实的基础，推动了人工智能技术的进步和应用的拓展。

2.1.4 知识的分类

1. 按照知识的表现形式和获取方式

（1）实例性知识。这种分类强调通过具体实例来体现知识，而不是直接提供规则或原理。它侧重于从具体的例子中抽象出规律性知识。

（2）类比性知识。这种分类侧重于通过与其他事物的相似之处来描述和理解知识。它不直接描述事物的所有特征，而是通过类比启发思维，促进知识的迁移和应用。

（3）元知识。这种分类关注关于知识本身的信息，即如何管理和使用知识。它包括对知识获取、组织、应用等方面的理解和策略。

2. 按知识的性质

知识可以包括概念、命题、公理、定理、规则和方法，这些都是构成知识体系的基本元素。

3. 按知识的作用域

按知识的作用域分为常识性知识和领域性知识。常识性知识是广泛适用的通用知识，而领域性知识则专注于特定专业领域，如专家经验。

4. 按知识的层次

按知识的层次分为表层知识和深层知识。表层知识描述事物的现象，如感性和事实性知识；深层知识则揭示事物的本质和内涵，如理论知识。

5. 按知识的确定性

按知识的确定性分为确定性知识和不确定性知识。确定性知识是可以明确真假的知识，而不确定性知识则包括不精确、模糊和不完备的知识。不精确知识因认识限制而难以确定真假；模糊知识边界不清晰，如“大”和“小”；不完备知识则是在解决问题时缺少某些必要信息，例如医生在诊断时可能缺乏完整病历。

2.1.5　知识表示

知识表示是对知识的描述，即将知识编码成计算机可以接受的某种结构。这种表示方法不是唯一的，它允许通过多样化的策略来适应不同的应用场景和需求。知识表示的要求如下。

（1）表示能力：能否正确、有效地表示问题是知识表示的关键。这包括表示范围的广泛性、领域知识表示的高效性，以及对非确定性知识表示的支持程度。

（2）可利用性：知识表示应该支持有效的推理过程。推理是根据已知事实利用知识导出结果的过程，因此知识表示需要对推理的适应性，以及对高效算法的支持。

（3）可实现性：知识表示需要便于计算机直接进行处理，这意味着表示方法应该易于实现和操作。

（4）可组织性：知识应该能够按照某种方式组织成知识结构，以便于管理和使用。

（5）可维护性：知识表示应该便于对知识进行增、删、改等操作，以适应知识更新和维护的需求。

（6）自然性：知识表示应该符合人们的日常习惯，使得人类用户能够容易地理解和使用。

（7）可理解性：知识表示应该易于阅读、理解、获取，以便于知识的传播和应用。

在实际应用中，常见的知识表示方法包括状态空间法、问题归约法、谓词逻辑、语义网络法和其他方法，它们能够根据具体的需求和场景，提供不同的策略来解决问题。

2.2　状态空间法

状态空间法是一种基于解答空间的问题表示和求解方法，它涉及将问题分解为状态和算符。这种方法广泛应用于各种问题求解领域，包括归约、推理、决策、规划、常识推理、定理证明等。

2.2.1　状态空间法的核心要素

状态空间法的基本思想是将任何决策问题抽象为状态、动作、状态转移和目标状态的集合。每个状态代表系统在某一时刻的特定配置，而动作则是使系统从一个状态转移到另一个状态的操作。

1. 状态空间

状态空间指的是问题求解过程中系统可能经历的所有状态的集合。每个状态都可以被看作问题的一个瞬时配置，表示系统在某一时刻的具体情况。状态空间中的每个状态之间的转换由一组操作或规则定义。这些操作描述了系统如何从一个状态过渡到另一个状态。常用一个三元组表示为(S,F,G)。其中，S为问题的所有初始状态集合，表示系统开始时可能的所有状态，通常包含一个或多个初始状态；F为算符的集合，不仅包括简单的移动操作，还可以包括复杂的决策规则、条件逻辑等，其每个算符可以带有条件约束，影响状态转移；G 为目标状态的集合，目标状态可以是单一状态或多个状态的集合，定义了问题的成功条件。

2. 状态

状态可以表示为一个由多个变量构成的矢量，如 $\boldsymbol{Q}=[q_0,q_1,q_2,\cdots,q_n]^{\mathrm{T}}$ 。其中，$q_0,q_1,q_2,\cdots,q_n$ 是描述系统不同方面的状态变量。这些变量的组合唯一确定了系统的一个特定状态。具体的状态 $\boldsymbol{Q}_K$ 是通过给定状态变量 $q_0,q_1,q_2,\cdots,q_n$ 的具体值 $q_{0K},q_{1K},q_{2K},\cdots,q_{nK}$ 得到的。

3. 算符

算符是将系统从一个状态转移到另一个状态的操作或规则。算符定义了如何在状态空间中从一个状态移动到另一个状态。

4. 目标函数

目标函数是用于评估不同状态或状态转移质量的函数。它可以用来指导搜索算法，帮助找到最优解。通常表示为 $C(\boldsymbol{s},a)$，其中，$\boldsymbol{s}$ 是当前状态，a 是执行的动作。目标函数可以根据问题的性质设定，例如，在路径规划中，可能是路径长度、时间或能量消耗等。

5. 初始状态与终止条件

初始状态用来定义问题求解的起始点，可能是具体的状态，也可能是状态集合。了解初始状态有助于确定搜索的起点。终止条件用于决定在解决问题时，何时停止搜索。这可能是达到目标状态、超过最大搜索深度，或其他条件（如时间限制）。

对一个问题的状态描述，必须确定以下三件事。

（1）状态的表达形式：这涉及如何具体表述问题的初始状态，它标志着问题解决旅程的出发点。

（2）操作符的集合及其作用：这一部分囊括了所有可用的操作符，它们规定了从一个状态转移到另一个状态的可行路径，构成了状态空间法的基石。

（3）目标状态的特征：目标状态代表了问题解决过程的最终目标，它明确了达成问题解决所需满足的标准。

2.2.2 状态图和状态空间图

在状态空间法中，状态图和状态空间图是两种重要的可视化工具，用于帮助理解系统的状态及其之间的转移关系。

为了更直观地理解状态空间，我们可以将初始状态可达到的各状态组成的空间设想为一幅图，这种图称为状态图，而状态空间的整体图示形式称为状态空间图。通过这种图形化的表示，我们可以更清晰地看到从初始状态到目标状态的潜在路径，以及每个状态如何通过算符转换到另一个状态。

状态图是一种简化的图形表示，它展示了从初始状态出发，系统可能经历的状态序列。在状态图中，每个节点代表一个具体的状态，通常用圆圈或方框来表示，而节点之间的边则表示状态之间的转换。边上可以标注操作符或条件，以明确状态转移的规则。起始节点标识问题的初始状态，通常用特定的标记（如箭头）来表示，而目标节点则标识最终目标状态，通常用不同颜色或形状来区分。

与状态图相比，状态空间图是状态图的扩展，通常指的是整个问题的状态空间的图形表示，包括所有可能的状态以及从一个状态到另一个状态的所有可能的转移。状态空间图更全面地展示了整个系统的状态及其转移关系，而状态图更多地关注于特定实体或系统的一条或多条状态变迁路径。

以迷宫问题为例，状态图可能只展示从起点到终点的一条路径，包括起点（1,1）、一些中间点（1,2）、（2,2）等，以及终点（4,3）。边表示有效的移动操作。而状态空间图则展示了迷宫中的所有可能位置，包括墙壁和其他无法通过的区域，以及从每个位置可能进行的所有移动。

2.3　问题归约法

2.3.1　问题归约法概述

问题归约法是人工智能中一种重要的问题解决方法。这种方法的核心思想是将问题简化为一组更小的、已知的或更易于求解的子问题。这些子问题可能需要进一步的分解，直到它们成为可以直接解决的基本问题或已知事实。图 2-2 所示是问题归约法的一个典型结构。

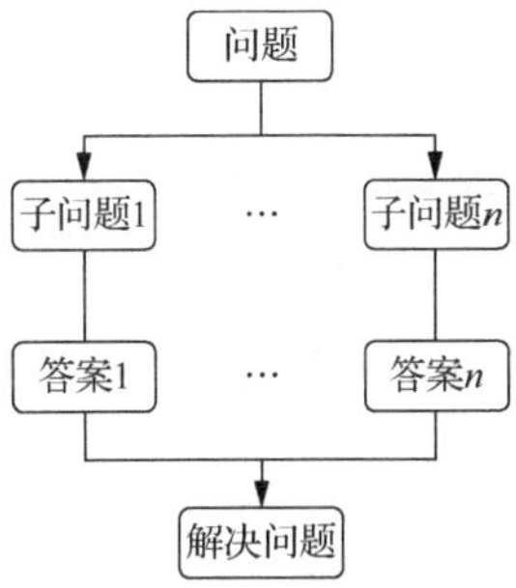

图 2-2　问题归约法结构图

在解决问题的过程中，问题归约法的基本步骤可以概括如下。

（1）问题定义：明确要解决的问题，确保对问题的理解准确无误。这一阶段通常涉及问题背景的分析和相关信息的收集。

（2）问题拆解：将复杂问题分解为多个简单的子问题。每个子问题应具有相对独立性，以便于逐一解决。

（3）子问题分析：对每个子问题进行深入分析，确定解决方案或算法。这一步可能涉及使用已有的算法、模型或设计新的解决方案。

（4）整合解决方案：将各个子问题的解决方案整合起来，形成对原始问题的完整解决方案。这一阶段需要确保各个部分之间的协调性与兼容性。

（5）验证与优化：对整合后的解决方案进行验证，确保其有效性和可行性。如果发现问题，回到相应的子问题进行调整与优化。

2.3.2 与或图

与或图是一种用于表示和分析复杂问题及其逻辑关系的图形工具。它通过节点和边的方式，清晰地展示出问题的各个组成部分及其相互关联。在与或图中，“与”节点表示多个条件同时成立时的结果，而“或”节点则表示至少一个条件成立的情况。通过构建与或图，研究者可以直观地理解问题的结构，识别关键因素和决策路径，从而为后续的解决方案制订提供清晰的视角。

在与或图中，节点扮演着核心角色，它们代表问题的不同方面或子问题。每个节点都是问题解决过程中的一个关键点，可以是原始问题的一部分，也可以是进一步细分的子问题。有向边连接这些节点，指示它们之间的关系。这些边是有方向的，表明问题的解决顺序或依赖关系。它们帮助我们理解为达到最终目标，哪些子问题需要先行解决。与或图中的节点分为两种类型。

（1）与节点（AND 节点）：$A \wedge B$ 表示两个条件同时成立。这种类型的节点表示一个逻辑“与”操作，意味着要解决父问题，必须先解决所有连接到该节点的子问题。换句话说，只有当所有的子问题都被解决时，与节点所代表的问题才算解决。

（2）或节点（OR 节点）：和与节点相反，$A \vee B$ 表示至少一个条件成立。这种类型的节点代表一个逻辑“或”操作。在这种情况下，解决父问题不需要解决所有子问题，只需要解决其中的一个或几个即可。这提供了更多的灵活性，因为解决问题的路径不只一条。

通过这种结构，与或图不仅帮助我们识别问题的各个组成部分，还指导我们如何通过解决子问题来逐步解决整个问题。这种方法在解决复杂问题时尤其有用，为我们提供了一种系统化和逻辑化的方式来分析和解决问题。

2.3.3 问题归约法的应用

问题归约法在多个领域中展现了强大的应用价值，尤其是在复杂系统分析、决策制订和算法设计等方面。通过将复杂问题拆解为简单的子问题，研究者能够更深入地理解问题的本质，从而制订更为高效的解决方案。

在实际应用中，问题归约法可以帮助团队更好地协作。通过明确每个子问题的负责人和解决策略，团队成员能够更专注于各自的任务，提高整体工作效率。此外，该方法具有可重复性和可扩展性，能够适应不同规模和复杂度的问题。例如，在软件开发过程中，问题归约法可用于分析用户需求，将其分解为功能模块和子功能，从而便于逐步实现和测试。通过这种方法，开发团队能够确保每个模块的质量，并最终整合成一个高效、可靠的系统。这种方法同样适用于复杂项目的管理，如建筑工程和航天工程等。

在人工智能领域，问题归约法常用于搜索和求解问题，如在与或图中的搜索策略。与或图是一种树结构，用于表示问题的分解和解决路径。通过这种方式，可以清晰地展示问题如何被分解和解决，从而找到问题的最优解。

在决策制订过程中，问题归约法可以帮助决策者将一个大问题分解为多个小问题，然后逐一分析和解决，最终得出整体问题的解决方案。这种方法在商业策略、军事策略和政策制订等领域被广泛应用。

总体来看，问题归约法在未来的发展中将发挥越来越重要的作用。随着技术的不断进步和应用场景的拓展，它不仅将在各个领域实现更深层次的应用，还将促进理论研究的持续发展，为解决复杂问题提供更为有效的支持。

2.4　谓词逻辑

谓词逻辑（predicate logic）是数理逻辑的一个重要分支。与命题逻辑相比，它不仅能够处理简单的命题，还能表达更复杂的语义关系。谓词逻辑通过引入量词和谓词的概念，能够更加精细地描述现实世界中的对象及其属性和关系，从而为人工智能、计算机科学和哲学等多个领域提供强大的理论基础。

2.4.1　命题逻辑

命题逻辑是谓词逻辑的一个特例，主要关注命题的真值。它为更复杂的逻辑推理提供了基础框架，是人工智能、计算机科学和哲学等领域的核心概念。命题逻辑通过定义命题符号、真值以及逻辑联结词来构建复杂的逻辑表达式，以进行推理和决策。

在命题逻辑中，每个命题都有一个明确的真值，通常用“真”（T）和“假”（F）表示。命题的真值是其逻辑意义的核心。例如，如果 P 代表“今天是星期一”，且今天确实是星期一，那么 P 的真值为真；如果今天是星期二，则 P 的真值为假。

命题逻辑的核心在于通过真值表来确定复合命题的真值。真值表展示了不同逻辑运算符下，复合命题的真值如何依赖于其组成部分的真值。例如，合取（AND）运算符要求所有组成部分都为真时，整个命题才为真；而析取（OR）运算符只要至少有一个组成部分为真，整个命题就为真。

此外，命题逻辑还涉及一些基本的逻辑等价关系和推理规则，如德摩根定律、分配律、同一律等，都是构建有效推理和证明的基础。

在人工智能领域，命题逻辑被用于构建知识库和推理系统。通过将知识表示为命题，并定义命题之间的关系，可以自动化地解决问题和做出决策。例如，在专家系统中，命题逻辑可以用来表示领域知识，并通过推理过程提供专家建议或解决方案。而在软件开发中，命题逻辑也发挥着重要作用。它可以帮助开发者在设计阶段识别和解决潜在的逻辑矛盾，确保软件系统的一致性和可靠性。通过将需求和设计决策形式化为命题，可以使用逻辑推理来验证系统的行为是否符合预期。

2.4.2　联结词和复合命题

联结词是用于连接多个命题的逻辑运算符。复合命题是由两个或多个简单命题通过联结词组合而成的命题。例如，命题“今天是星期一且天气晴”可以表示为 $P \wedge Q$，其中 P 表示“今天是星期一”，Q 表示“天气晴”。联结词在逻辑中具有非常重要的作用，它们决定了复合命题的真值。通过不同的联结词，我们可以形成多种逻辑关系。以下是主要的联结词及其含义。

（1）合取联结词（$\wedge$）：$P \wedge Q$ 为真，当且仅当 P 和 Q 均为真。

（2）析取联结词（$\vee$）：$P \vee Q$ 为真，当 P、Q 至少有一个为真。

（3）否定联结词（$\neg$）：当 P 为假时，$\neg P$ 为真。

（4）条件联结词（$\rightarrow$）：$P \rightarrow Q$ 为真，当 P 为假或 Q 为真；只有在 P 为真且 Q 为假时为假。

（5）双条件联结词（$\leftrightarrow$）：$P \leftrightarrow Q$ 为真，当 P 和 Q 的真值相同。

（6）异或联结词（$\oplus$）：它的结果在两个命题的真值不同时为真，即当 P 和 Q 中只有一个为真时，$P \oplus Q$ 的结果为真；如果 P 和 Q 都为真或都为假，则 $P \oplus Q$ 的结果为假。

2.4.3 逻辑等价

在命题逻辑中，逻辑等价是指两个或多个命题表达式在所有可能的真值指派下具有相同的真值。这种等价关系是逻辑推理和简化复杂表达式的基础。通过逻辑等价，我们可以将复杂的逻辑表达式转换为更简单或更直观的形式，而不改变其逻辑含义。逻辑等价包括以下常见形式。

（1）双重否定律：

$$\neg\neg P = P \tag{2-1}$$

（2）德摩根定律：

$$\neg(P \wedge Q) = \neg P \vee \neg Q \text{ 和 } \neg(P \vee Q) = \neg P \wedge \neg Q \tag{2-2}$$

（3）结合律：

$$(P \wedge Q) \wedge R = P \wedge (Q \wedge R) \text{ 和 } (P \vee Q) \vee R = P \vee (Q \vee R) \tag{2-3}$$

（4）交换律：

$$P \wedge Q = Q \wedge P \text{ 和 } P \vee Q = Q \vee P \tag{2-4}$$

（5）分配律：

$$P \wedge (Q \vee R) = (P \wedge Q) \vee (P \wedge R) \text{ 和 } P \vee (Q \wedge R) = (P \vee Q) \wedge (P \vee R) \tag{2-5}$$

逻辑等价在逻辑推理中的应用非常广泛。例如，在证明两个逻辑表达式等价时，可以通过一系列的逻辑等价变换，将一个表达式转换为另一个表达式，从而证明它们的等价性。这种方法不仅在学术研究中有重要应用，在计算机科学中，特别是在电路设计和程序验证中，逻辑等价也扮演着关键角色。

2.5 语义网络法

语义网络法是人工智能和知识表示领域中常用的一种方法，用于表示和推理知识结构。它通过节点和边的形式来表示概念及其之间的关系，是一种基于图论的知识表示方式。语义网络法广泛应用于自然语言处理、知识表示、推理系统、信息检索等领域。

2.5.1 语义网络法的定义和特点

语义网络法（semantic network method）是一种用于表示概念及其相互关系的图形化方法。语义网络通过节点（代表实体、概念或对象）和边（代表概念之间的关系）来组织知识。每一个节点代表某种对象、属性或事件，而连接这些节点的边则定义了这些概念之间的语义关系。语义网络法不仅能有效地表示知识的结构，还可以用作推理的工具，从中推导出新的知识。

语义网络的核心思想是通过将概念及其属性、关系在图中可视化表示，从而更容易进行语义的推理和分析。随着技术的发展，语义网络法在多个领域得到了广泛应用，如自然语言处理、知识表示、专家系统、数据库查询和推荐系统等。在自然语言处理中，语义网络可以用来表示句子的语义结构，帮助理解和生成自然语言。在知识表示中，语义网络可以用于构建知识库，表示和组织领域知识。

语义网络法作为一种先进的知识表示手段，具有以下主要特点。

（1）图形化表示：语义网络采用图表的形式，将概念及其相互关系转换为视觉元素。节点代表概念，边则呈现概念之间的关系。这种直观的表达方式使知识结构一目了然，促进了知识的理解与可视化。

（2）直观性与可解释性：语义网络的图形化特性使得知识表示具有高度的直观性和可解释性。即便是抽象的概念及其微妙的关系，也能通过图形清晰地展示，使知识的传达更加生动易懂。

（3）语义明确性：在语义网络中，每一条边都带有特定的语义，如“属于”关系或“组成”关系等。这些明确的语义标签确保了知识结构的清晰性和准确性，为精确表达提供保障。

（4）推理能力：语义网络不仅是一幅静态的知识图，更是一种动态的推理工具。通过节点间的遍历和探索，可以推导出新的知识，揭示隐藏的关系。例如，通过“属于”关系的连锁效应，可以推断出不同概念之间的继承与演化。

（5）灵活性与扩展性：语义网络的架构设计灵活，允许轻松地添加新的节点和边，以适应不断变化的知识需求。这种开放性和扩展性使知识库能够持续更新，保持其时代性和相关性。

（6）层次化的关系表示：语义网络通过层次化结构展示概念之间的从属与继承关系。在层级体系中，高级别的概念如同树冠，向下传递其属性和特征，而低级别的概念如同树干和枝叶，接受并体现这些属性。这种层次化表达揭示了知识的内在结构，便于理解知识的递进和层次。

这些特点使得语义网络法在各种应用场景中成为一种强大的工具，推动了知识表示和推理技术的发展。

2.5.2 二元语义网络的表示

二元语义网络是最基本的语义网络类型，其中节点通过二元关系相连接。所谓二元关系是指涉及两个实体或概念的关系，比如“猫是动物”中的“是”关系就是一个典型的二元关系。二元语义网络的边通常表示以下几种关系类型。

（1）继承关系（isa，ISA）：表明某个概念是另一个概念的子类或特殊形式。例如，“猫 ISA 动物”。

（2）组成关系（part-of）：表示某个概念是另一个概念的一部分。例如，“轮子 part-of 汽车”。

（3）属性关系（has-property）：表示某个概念具有某种属性。例如，“苹果 has-color 红色”中，“苹果”这一概念被描述为具有“红色”这一属性。这种属性关系有助于丰富概念的特征描述。

二元语义网络通过节点表示概念，通过边连接两个节点来表示二元关系。在推理时，可以通过追踪这些关系来得出新结论。例如，假设有关系“猫 ISA 动物”，则可以推理出“猫有生命”。

2.5.3 多元语义网络的表示

多元语义网络是一种能够表示复杂多节点关系的知识表示方法。在传统的二元语义网络中，关系通常只涉及两个节点，类似于“猫是哺乳动物”或“苹果是水果”这样的简单语句。然而，许多实际问题常常涉及多个实体和概念之间的复杂关联，此时，二元网络的表达能力显得局限。多元语义网络通过允许一个关系同时连接多个节点，有效地解决了这一问题，使得知识表达更加灵活。多元语义网络是一种更复杂的知识表示形式，它不仅支持节点之间的简单二元关系，还能够处理涉及多个节点的复杂关系。这种网络能有效捕捉和表示现实世界中复杂的知识结构，使得信息的组织和推理更加灵活和全面。

在多元语义网络中，关系不仅局限于两个节点之间的简单连接，而是可以扩展为多个节点之间的关系。例如，在描述一个会议场景时，关系不仅包括“人参加了会议”，还涉及“会议的组织者是谁”“会议的时间和地点是什么”等复杂信息。这种多元关系通过一条边连接多个节点，在同一关系中囊括了多个实体、概念和属性。多元关系的基本形式可以用公式表示为

$$\mathrm{R}(A_1, A_2, \cdots, A_n) \tag{2-6}$$

式中，R 代表一个多元关系，而 $A_1, A_2, \cdots, A_n$ 则是该关系所涉及的多个实体或属性。通过这种形式，关系的表达不再局限于二元形式，而可以扩展到包含多个节点的信息，这大大增强了知识表示的灵活性和精度。

多元语义网络在社会网络分析、经济模型、项目管理以及智能推荐系统等多个领域中发挥着关键作用。它通过将复杂的关系和交互可视化，为决策者和研究者提供了深入理解和分析问题的新途径。在社会网络分析中，多元语义网络能够精细地刻画个体之间的多维联系，如朋友、同事、家人等，以及个体与活动、事件之间的参与关系。这种表示方法不仅有助于揭示社交互动的模式，还能追踪信息传播的路径，为社交网络的分析提供深刻的洞察。在经济模型构建中，多元语义网络通过模拟市场参与者之间的复杂交互，如消费者、生产者和商品之间的多层面关系，为经济学研究提供了新的视角。这使研究者能够更深入地分析市场动态、价格波动和供需关系，从而更好地理解经济系统的运作。

此外，在项目管理实践中，多元语义网络通过可视化任务、资源和时间之间的相互关系，为项目管理者提供了一种有效的工具。这不仅帮助管理者理解项目中各个任务的依赖性，还能优化资源配置，提高项目执行效率。

随着人工智能技术的不断进步，多元语义网络在这些领域的应用将变得更加智能和高效。随着计算能力的提高，更大和更复杂的网络可以被构建和分析，这将进一步扩展多元语义网络的应用范围。

2.6 其他方法

在人工智能和认知科学领域，知识表示是一个重要的课题。为了让机器能够理解、处理和推理人类的知识，研究者开发了多种表示方法。除了我们前面介绍的几种主流表示方法（如语义网络、状态空间、谓词逻辑等），还有一些其他的表示方法被广泛应用于复杂问题的求解和系统建模中。本节将介绍框架表示法和剧本表示法，并探讨它们在知识表示中的扩展应用。

2.6.1 框架表示法

框架表示法（frame representation）是一种结构化的知识表示方式，由人工智能领域的先驱马文•明斯基（Marvin Minsky）在 20 世纪 70 年代提出。它主要用于表示经验性知识，尤其适合表示具有层次结构的概念和事实。

框架表示法的核心是“框架”这一概念。每个框架可以被视为一个知识单元，内部包含一组属性（通常称为“槽”或“slots”）。这些属性用于存储具体的值或者定义某种行为。框架的主要构成如下。

（1）名称：每个框架都有一个唯一的名称，用于识别和引用。例如，可以用“汽车”来表示一个汽车框架。

（2）属性槽：在框架理论中，属性槽扮演着至关重要的角色，是构成框架的基石，用于存储和组织信息。每个槽可以容纳不同类型的数据，包括基本数据类型（如整数、字符串和布尔值），为框架赋予具体的特性和价值。更高级的槽可以引用另一个框架，这种相互引用的能力使框架能够构建复杂的层次结构，实现信息的嵌套和组织。此外，某些槽还能够定义特定的函数或行为，这不仅赋予了框架静态的数据存储能力，还赋予了它动态的行为执行能力。这种设计使得框架系统既灵活又强大，能适应各种复杂的数据处理和知识表示需求。例如，以下是一个具体的框架示例，描述一个“学生”的框架，如图 2-3 所示。在这个框架中，“学生”框架包含多个槽，用于存储与学生相关的信息。通过这个框架，系统可以描述、查询和推理学生的信息。例如，系统可以查询某个学生的课程、年龄或毕业院校，并根据这些信息提供决策支持。

框架名称：学生
槽：
　　姓名：字符串（如“张三”）
　　年龄：整数（如20）
　　性别：字符串（如“男”）
　　学号：字符串（如“2023001”）
　　课程：数组（如[“数学”，“物理”]）
　　毕业院校：指向“大学”框架

图 2-3　学生框架图

框架表示法在自然语言处理和知识图谱构建等领域有广泛应用。它的一大优势在于处理不确定性和信息缺失方面的能力，通过继承机制和默认值设定来克服信息不完整的挑战。继承机制允许子框架自动继承父框架的属性和默认值，这样即使某些属性的值未知，系统也能通过从上层框架推导出默认值来填补信息空缺。例如，当“电动车”框架继承自“汽车”框架时，它自动获得“品牌”“颜色”等属性的默认值。此外，框架允许为属性定义默认值，这在信息缺失时尤为有用，因为系统可以利用这些预设的默认值维持推理过程的连续性，避免因信息不完整而导致推理失败。这种特性在处理动态变化的信息时显得尤为重要，确保系统在面对不完整信息时仍能保持有效的功能和决策能力。

框架表示法作为一种有效的知识表示方法，并非孤立存在。它能够与其他知识表示方法（如语义网络、逻辑表示法和本体论）相结合，从而提升人工智能系统的整体能力。通过与语义网络的结合，框架可以表示对象及其之间的关系，更好地捕捉知识的复杂性，尤其是在描述复杂关系时。同时，框架与逻辑表示法的结合可以增强系统的推理能力，允许系统在框架中嵌入逻辑规则，实现更为复杂的推理。此外，框架还可以作为本体论的一部分，用于定义领域知识和概念。通过框架的层次结构和槽定义，本体论能够提供更加丰富的知识表示，帮助系统更准确地理解和处理信息。这种多方法的融合策略，使得框架表示法在处理复杂知识时更加灵活和强大。

尽管面临一些局限性，但框架表示法仍然是现代人工智能和认知科学中不可或缺的组成部分。随着技术的进步，框架表示法有望继续演变，以应对更复杂和动态的知识表示挑战。

2.6.2 剧本表示法

剧本表示法（script representation）是一种用于知识表示的形式，旨在描述事件的结构及其相关的上下文信息。这种表示法最早由人工智能研究者在处理自然语言理解和知识推理时提出，特别适合用于表示与时间和序列相关的事件。通过剧本表示法，系统能够理解和生成与人类活动相关的复杂信息，为人工智能应用提供重要支持。

剧本表示法的核心在于“剧本”这一概念。一个剧本可以被看作对特定事件或活动的抽象描述，包括参与者、时间、地点以及活动的各个步骤和条件。每个剧本通常由以下几个组成部分构成。

（1）角色：剧本中的参与者，包括人、动物或其他实体。例如，在一个餐馆用餐的剧本中，角色可能包括顾客、服务员和厨师。

（2）情节：描述事件的具体情境和背景。例如，餐厅的环境、菜单的选择等。

（3）活动：角色在剧本中执行的具体行为。这些行为可以是顺序性的，也可以是并发的。

（4）属性：角色和活动的特征或状态。例如，顾客的饥饿程度或服务员的服务质量。

（5）先决条件：事件发生前需要满足的条件。例如，在用餐之前，顾客需要进入餐厅并坐下。

（6）后果：事件完成后所产生的结果或变化。例如，顾客用餐后离开餐厅，或厨师完成了菜品的制作。

剧本的结构通常以树结构或图结构的形式呈现，使得事件的先后关系一目了然。这种结构化表示使得剧本能够灵活地模拟复杂事件和活动序列。在剧本中，情节可以被视为节点，而活动则是连接这些节点的边，形成一个动态的流程图。每个节点代表一个特定的情节，其中包含角色、活动和属性，以及这些元素之间的相互作用。节点之间的连接由先决条件和后果来定义，这些条件和结果决定了从一个情节过渡到另一个情节的逻辑路径。剧本的动态性体现在它可以根据外部输入和上下文信息调整执行流程。例如，如果顾客在餐厅中选择了素食菜单，剧本可能会触发一个特定的情节分支，其中只包含素食选项。这种条件分支机制使得剧本能够适应不同的情境和需求。此外，剧本表示法还允许并行处理，即多个活动可以同时发生，而不受严格的线性顺序限制。这种并行性在模拟现实世界中的复杂交互时尤为重要，因为它能够更真实地反映事件的多线程特性。

总之，剧本表示法的结构化和动态性使其成为模拟复杂事件和活动序列的强大工具。它不仅能够清晰地表示事件的先后顺序，还能够通过条件分支和并行处理适应不同的输入和上下文，从而实现灵活且真实的事件模拟。

在自然语言处理领域，剧本表示法帮助系统解析和生成与事件相关的语句，如在问答系统中理解用户问题和生成回答。在机器人导航和任务规划中，剧本用于描述复杂的任务步骤，指导机器人执行操作。此外，在情感计算中，剧本可以模拟和理解人类情感变化，如角色扮演游戏中的情感反馈，而在教育和培训软件中，剧本则用于模拟现实场景，辅助学生理解复杂概念，如医学教育中的模拟手术。

剧本表示法的优势在于其结构化、灵活性和自然性，能够提供一种易于理解和处理复杂事件的方法。然而，它的缺点也显而易见，包括其复杂性、信息量大和对上下文的依赖性，这可能导致难以维护、计算开销大以及潜在的错误推理或决策。

展望未来，随着人工智能和机器学习技术的进步，剧本表示法有望在智能化、多模态化和高效化方面取得进一步发展，拓展其在各个领域的应用潜力。

第 3 章 搜索推理技术

3.1 搜索推理技术概述

搜索推理技术是人工智能领域中解决复杂问题的核心方法之一。该技术通过综合运用搜索算法和推理机制，系统性地探索和评估不同的可能性，以找到最优或近似最优的解决方案。搜索推理技术在问题求解、规划以及决策制订等领域具有广泛的应用，是智能系统开发中的关键工具。

3.1.1 搜索推理技术的基本概念

搜索和推理是解决复杂问题的重要技术手段。搜索指的是在问题空间中探索可能的解或状态，通过系统化的方法找到目标状态或最佳解决方案。搜索过程通常包括多个步骤：首先，需要定义问题的状态空间，即所有可能的状态或解的集合。然后，设定起始状态和目标状态，并选择适当的搜索策略，如广度优先搜索、深度优先搜索或启发式搜索等。通过状态的扩展和评估，系统能够逐步探索潜在的解，直至找到满意的解决方案。

与搜索紧密结合的是推理过程。推理是从已知信息中得出新结论或生成新知识的过程，通常包括逻辑推理、概率推理或启发式推理等方式。推理过程涉及根据规则或模型生成推论，以帮助做出决策或推导出新的信息。推理可以是演绎的（从一般到具体）或归纳的（从具体到一般），使得系统能够灵活应对不同类型的问题。

结合搜索和推理技术，可以更高效地解决复杂问题。通过系统性探索和智能推导，系统不仅能找到最佳解决方案，还能在动态环境中实时调整策略。例如，在棋类游戏中，搜索算法可用于探索可能的棋盘状态，而推理机制则能评估每种状态的潜在价值，进而做出最优决策。这样的组合使得人工智能系统在面对复杂挑战时，具备更强的智能性和灵活性。

3.1.2 搜索推理技术的应用

1. 问题求解

问题求解是计算机科学和人工智能中的关键任务，涵盖从简单到复杂的广泛问题类型。常见例子包括谜题（如数独、八皇后问题）、排序问题（如快速排序、归并排序）

以及路径规划（如机器人导航和物流配送）。搜索推理技术通过系统性探索所有可能解，并结合启发式方法选择最佳路径。

这些技术的应用非常广泛。例如，数独可以通过回溯算法和约束传播求解；八皇后问题利用递归和启发式搜索快速找到所有解；旅行商问题（traveling salesman problem，TSP）则涉及组合优化，常使用动态规划或遗传算法等元启发式方法来找到最短路径。路径规划中常用 Dijkstra 算法来寻找最优路径，尤其在机器人控制或交通管理系统中效果显著。

通过灵活使用穷举、启发式搜索、贪心策略和动态规划等技术，可以在不同问题领域内提升求解效率和效果，助力更复杂的系统和任务实现智能化。

2. 规划与决策

规划与决策是人工智能和运筹学的重要领域，旨在应对复杂任务中如何制订高效行动计划以实现目标。通常，这类问题需要在有限资源和时间内做出合理安排，以确保任务顺利完成。搜索推理技术在这一过程中发挥关键作用，帮助生成、优化和评估各种可能的计划。

在自动化规划中，如机器人任务规划，系统需要根据环境状态自动生成执行序列，如路径导航和多机器人协作。这类问题常用图搜索算法或基于马尔可夫决策过程（Markov decision process，MDP）的强化学习来实现动态规划。在战略决策领域，如游戏中的策略制订，常使用极小化极大算法或蒙特卡洛树搜索（Monte Carlo tree search，MCTS）来分析所有可能的对策并选择最佳行动。

此外，搜索推理技术不仅能解决静态问题，还能处理动态环境中的不确定性，为企业管理、物流调度和智能交通系统等领域提供可靠的支持。通过启发式优化和数据驱动的决策模型，极大提升了规划的智能化水平和执行效率。

3. 自然语言处理

自然语言处理（natural language processing，NLP）是人工智能的重要分支，旨在使计算机能够理解、生成并与人类语言进行交互。在这一领域，搜索推理技术发挥着至关重要的作用，帮助生成和理解复杂的语言结构，以及进行语义推理。

在机器翻译中，搜索算法用于寻找最优的翻译路径，确保目标语言的语法和语义符合原文。例如，基于统计模型和神经网络的翻译系统通过对大量双语文本的分析，学习语言间的对应关系，进而生成流畅的翻译结果。在文本生成任务中，生成式预训练变换器（generative pre-trained transformer，GPT）语言模型，利用推理技术理解上下文，从而生成连贯且富有信息的文本。

在对话系统中，搜索推理技术帮助系统理解用户意图并生成自然的回复。通过对用户输入的语义分析，系统能够选择合适的响应策略，提升交互体验。结合强化学习和深度学习方法，现代对话系统能够不断优化其回答，从而实现更高水平的自然语言理解与生成。

4. 游戏和模拟

游戏和模拟领域是人工智能的重要应用场景。在棋类游戏和策略游戏中，搜索推理技术显著提高了计算机的决策能力。它们被广泛应用于模拟对手的策略并生成最佳移动，从而提升游戏的体验和挑战性。

在国际象棋中，搜索算法（如极小化极大算法）用于评估每一步的可能结果，确保选手采取最优策略。通过创建博弈树，系统能够探索多个回合后的局面，判断每个动作的价值。在这种情况下，启发式评估函数用于快速评估局势，从而有效利用计算资源。

围棋作为一种复杂度更高的游戏，采用 MCTS 来模拟多种可能的对弈过程。MCTS 通过随机模拟和逐步优化，不断提高策略的准确性，成功应用于 AlphaGo 等先进系统中，挑战并战胜顶级围棋选手。

在视频游戏中，搜索推理技术用于角色行为、路径规划和资源管理。人工智能系统能够实时分析环境变化，快速调整策略，提升游戏的智能性和趣味性。这些技术的应用使得游戏体验更加丰富多彩，同时也推动了人机交互的进一步发展。

3.1.3 搜索推理技术的挑战和发展

搜索推理技术在解决复杂问题时面临多种挑战。

首先，计算复杂性是一个显著问题。随着问题规模的增加，搜索推理技术的计算复杂性可能迅速增长，导致搜索空间变得庞大，进而消耗大量计算资源。因此，如何高效管理搜索空间和优化计算资源成为研究和应用中的重要挑战。这通常涉及选择适当的算法和数据结构，以确保在合理的时间内找到最优或可行的解。

其次，启发式设计在提高搜索效率方面起着关键作用。有效的启发式函数能够引导搜索过程，帮助系统迅速识别最有希望的解决方案。一个好的启发式函数不仅能快速评估当前状态的潜在价值，还能减少不必要的搜索，从而显著降低搜索时间。

此外，动态环境也是搜索推理技术面临的重要挑战。在这些环境中，问题状态可能不断变化，搜索推理技术需要具备适应性，能够及时更新策略以应对新的变化。这一特性在自动驾驶、智能交通管理和实时决策系统等领域尤为重要。

最后，多目标优化进一步增加了搜索推理的复杂性。在某些应用中，需要同时优化多个目标，如资源分配和任务调度。这要求搜索推理技术能够平衡和处理不同的目标需求，从而找到综合各方面需求的最佳解决方案。

综上所述，搜索推理技术在解决复杂问题中发挥了重要作用。通过不断的算法改进和技术创新，这些技术能够更高效地应对各种实际应用中的挑战，为智能决策和自动化系统的实现提供强有力的支持。

3.2 图搜索策略

图中路径搜索是一种在图结构中寻找从一个节点到另一个节点的路径的方法。在这个问题中，图中的每个节点代表一种状态，每条边（连线）代表一种操作或转换。也就是说，这个问题的本质是通过操作符在状态之间进行转换，最终找到从起始状态到目标状态的路径。

3.2.1 图搜索中的几个关键概念

1. 搜索图

在搜索解答路径的过程中，只包含当前搜索中直接涉及的节点和边，形成的部分图结构称为搜索图。这与完整的图不同，只保留了搜索过程中相关的部分。

2. OPEN 表

OPEN 表用于存储已经生成但尚未展开（即尚未生成其后继节点）的节点。这些节点也称为未考查节点，表示它们即将被进一步处理。

3. CLOSED 表

CLOSED 表用于存储那些已经被展开的节点，这些节点的后继节点已经生成。这些节点称为已考查节点，表示它们已经被处理过或不再需要进一步处理。

3.2.2 图搜索过程

图搜索过程如下。

（1）初始化搜索图。建立一个仅包含起始节点的搜索图，并将该节点放入一个名为 OPEN 的表中。OPEN 表用于存放尚未扩展的节点，初始时仅包含起始节点。

（2）初始化 CLOSED 表。建立一个名为 CLOSED 的表，用于存放已经扩展过的节点。CLOSED 表在初始化时为空。

（3）循环过程。检查 OPEN 表是否为空。若 OPEN 表为空，表示所有节点都已被扩展且未找到目标节点，搜索失败，算法退出。

（4）扩展节点。选择 OPEN 表中的第一个节点，将其从 OPEN 表中移除，并加入 CLOSED 表中。该节点记作当前正在处理的节点。它会被编号，并记录在 CLOSED 表中，表示它已经被扩展。

（5）检查目标节点。若当前节点是目标节点，表示已经找到解，算法成功退出，并返回该解。

（6）继续搜索。如果没有找到目标节点，扩展当前节点的后继节点并将其加入 OPEN 表。重复该过程，直到找到目标或确定无解。

3.2.3 盲目搜索

盲目搜索，又称为无启发式搜索，是不使用任何关于目标位置的额外信息的搜索方法。它仅依赖于状态空间的结构进行搜索。盲目搜索包括深度优先搜索（depth-first search，DFS）和广度优先搜索（breadth-first search，BFS）。

1. 深度优先搜索

深度优先搜索沿着一条路径尽可能深地搜索下去，直到找到目标状态或达到某种限制，然后回溯。具体步骤如下。

（1）初始化 OPEN 表和 CLOSED 表。将起始节点放入 OPEN 表，并初始化 CLOSED 表为空。OPEN 表在深度优先搜索中通常作为栈使用，以便优先处理最近添加的节点。

（2）检查 OPEN 表是否为空。如果 OPEN 表为空，则所有节点都已被搜索，问题无解，算法终止并退出。

（3）取出 OPEN 表中的第一个节点。从 OPEN 表的顶端取出节点，并将其移至 CLOSED 表中，表示该节点已经被扩展和考查。

（4）检查节点是否为目标节点。判断当前节点是否为目标节点。如果是，则算法成功退出并返回解路径。

（5）检查节点是否达到深度界限。节点的深度是从起始节点到当前节点的路径长度。如果节点达到了预先设定的深度界限，将其视为无后继节点处理，并跳转至步骤（2）。

（6）扩展节点。如果当前节点可扩展，则生成其所有子节点，并将这些子节点按顺序放入 OPEN 表的顶端。这样，最近生成的节点将首先被扩展，确保深度优先的性质。

（7）回溯与继续搜索。算法会沿着一条路径不断深入，直到达到深度界限或找到目标节点。如果遇到死胡同或达到深度限制，则回溯到父节点并继续搜索其他分支。

节点深度是衡量节点在树或图中层级位置的概念。我们通常将根节点（或起始节点）的深度设定为 0。对于其他节点，其深度等于父节点的深度加 1。这意味着节点的深度反映了它与起始节点之间的层级距离。例如，深度为 1 的节点直接与根节点相连，而深度为 2 的节点则是根节点的子节点的子节点。

在深度优先搜索中，算法沿着一条路径深入下去，优先扩展深度较大的分支，直到无路可走或达到预设的深度界限。新生成的节点被放在 OPEN 表的前端，使搜索能够深入当前分支的最大深度。

2. 广度优先搜索

广度优先搜索从起始状态开始，逐层扩展所有可能的状态，直到找到目标状态。具体步骤如下。

（1）将起始节点放入 OPEN 表中。OPEN 表作为一个队列来存储待扩展的节点。在广度优先搜索中，OPEN 表中的节点按顺序逐层处理。

（2）检查 OPEN 表是否为空。如果 OPEN 表为空，说明图中的所有节点都已经被处理，问题无解，算法终止并退出。

（3）从 OPEN 表中取出队首的第一个节点，并将其移至 CLOSED 表中，表示该节点已经被扩展和考查。

（4）判断当前节点是否为目标节点。如果是，则说明已经找到了问题的解，算法终止并返回该解。

（5）检查节点是否可扩展。如果节点没有可扩展的后继节点，跳转至步骤（2），继续处理 OPEN 表中的其他节点。

（6）扩展节点。如果节点可以扩展，则生成其所有子节点，将这些子节点依次添加到 OPEN 表的末尾。对于每个生成的子节点，设置一个指向其父节点的指针，以便在找到目标节点后可以回溯路径。处理完所有子节点后，返回步骤（2），继续搜索。

（7）重复步骤（2）～（6）。循环执行以上步骤，直到找到目标节点或确定问题无解。

3.3 启发式搜索

3.3.1 启发式搜索的必要性

启发式搜索的必要性在于有效地应对盲目搜索的不足，具体体现在以下几个方面。首先，盲目搜索效率低下。盲目搜索方式通常消耗大量计算资源，导致时间和空间的严重浪费。尤其在处理复杂问题时，计算成本可能呈指数级增长。其次，盲目搜索容易导致组合爆炸。随着问题规模的增长，待处理节点的数量迅速增加，会造成巨大的计算负担。最后，节点扩展顺序是盲目搜索的一个显著缺陷。

为提高搜索效率，研究者开发了启发式搜索方法，通过启发信息优化待扩展节点的顺序，优先扩展最有希望的节点。启发式搜索利用与问题领域相关的特性信息，帮助做出更明智的选择，引导搜索过程朝向目标，大幅提升问题求解的效率和效果。

3.3.2 启发式搜索的分类与特点

启发式搜索是一种利用问题领域的额外信息（即启发式函数）来引导搜索过程的技术，旨在提高搜索效率并减少搜索空间。它在解决复杂问题时表现出显著优势，尤其是在处理大规模问题时，能够有效避免盲目搜索导致的效率低下和组合爆炸。

1. 启发式搜索的分类

1）有序搜索

有序搜索是一种基于启发信息对节点进行排序的搜索方法。在这种方法中，算法根据启发式函数的评估值对待扩展节点进行排序，优先扩展那些更有可能靠近目标的节点。有序搜索可以大幅提高搜索效率，减少搜索时间。

2）A*算法

A*算法是最经典的启发式搜索算法之一，它结合了启发函数和实际代价来评估从起始节点到目标节点的总成本。A*算法使用的评估函数通常为 $f(n)=g(n)+h(n)$ ，其中 $g(n)$ 是从起始节点到当前节点的实际成本，而 $h(n)$ 是从当前节点到目标节点的启发式估计成本。通过这种方式，A*算法能够在保证最优解的前提下有效减少搜索空间，因此在众多应用场景中广泛使用，如路径规划和图形搜索等。

3）贪婪最佳优先搜索

贪婪最佳优先搜索使用启发式信息选择最有希望的节点进行扩展。虽然它不保证找到最优解，但在许多情况下能够快速找到可行解。贪婪搜索简单易用，适合处理一些较为宽松的优化问题。

2. *启发式搜索的特点*

启发式搜索具有以下几个关键特点。

1）重排 OPEN 表

启发式搜索的一个重要特点是利用启发信息对 OPEN 表中的节点进行重新排序。这个过程确保算法优先选择那些更有可能达到目标的节点进行扩展，从而减少不必要的搜索路径。通过对待扩展节点的优先级进行调整，显著提高了寻找目标状态的效率。

2）信息驱动

启发式搜索依赖于与特定问题相关的启发式函数。这些函数为每个节点提供了评估值，指示从该节点到目标状态的潜在成本。这种信息驱动的特性使得搜索过程能够更有针对性地探索最有可能成功的路径，而不是随机遍历所有可能性。

3）动态适应

启发式搜索方法可以在搜索过程中动态调整策略。例如，在某些情况下，如果当前路径的评估结果不理想，算法可以选择回溯并尝试其他路径。这种灵活性提高了算法的整体适应能力，使其能够有效应对动态变化的环境。

综上所述，启发式搜索通过合理利用问题领域的额外信息，显著提高了搜索过程的效率，成为解决复杂问题的重要工具。不同种类的启发式搜索算法各具特点，适用于不同的应用场景，为研究者和工程师提供了多样化的选择。

3.3.3 启发式搜索常见算法

1. *A*搜索算法*

A*搜索算法，俗称 A 星算法，是一种用于在图形平面上寻找最低通过成本路径的启发式搜索算法。它结合了 Dijkstra 算法的优点，能够找到最短路径，并利用最佳优先搜索的启发式搜索策略，显著提高算法效率。A*算法通过评估函数 $f(n)=g(n)+h(n)$ 进行搜索，其中 $g(n)$ 表示从起始状态到当前状态的实际成本， $h(n)$ 则是从当前状态到目标状态的启发式估计成本。由于 A*算法可以在保证找到最优路径的基础上有效缩小搜索空间，因此广泛应用于游戏中的移动计算场景，以确保角色能够以最优路径抵达目标。

2. 贪心算法

贪心算法是一种简单而有效的启发式搜索策略。它根据启发式函数评估每个状态的潜在价值，优先扩展那些估计最接近目标状态的路径。与 A*算法不同，贪心算法仅关注启发式估计 $h(n)$，不考虑实际成本 $g(n)$。虽然这种方法在许多情况下能够快速找到可行解，但它并不保证找到全局最优解。贪心算法适用于一些特定的优化问题和实时决策任务，因其实现简单且计算效率高，因此广泛使用。

3.3.4 启发式搜索的估价函数定义与建立方法

估价函数是衡量某一节点希望程度的重要工具。其主要作用是在启发式搜索中，根据每个节点的状态和特征进行评价，从而确定哪些节点更有可能接近目标节点。通过对每个节点的评价，估价函数帮助算法选择最有希望的节点进行扩展，以期最快地找到目标解。换句话说，估价函数为节点赋予了一个优先级或“希望程度”，数值越小（或越大，取决于算法），表示该节点越有希望接近目标解。

估价函数的值通常表示为 $f(n)$，其中 n 是当前节点。具体的估价函数形式会根据算法的不同需求而有所区别。例如，在 A*算法中，估价函数 $f(n)$ 通常定义为 $f(n)=g(n)+h(n)$，其中 $g(n)$ 表示从起始节点到当前节点 n 的实际代价，$h(n)$ 表示从当前节点到目标节点的启发式估计成本。一般来说，估价函数的值越小，意味着该节点越接近于目标，越优先进行扩展。

为了构建一个有效的估价函数，通常需要设计一个合理的“距离”或“差异”度量，用于估算任意节点与目标节点之间的接近程度。具体而言，估价函数的建立方法可以总结为以下几个步骤。

（1）分析问题特性：首先需要理解问题的结构和目标。例如，在路径规划问题中，我们的目标是找到从起点到目标点的最短路径，因此估价函数应能够衡量路径长度或路径的总代价。在迷宫搜索问题中，估价函数应能够反映节点到目标节点的空间距离。

（2）选择合适的启发式量度：根据问题特性，选择一种能够反映节点与目标节点接近程度的度量。例如，在几何空间中，节点到目标节点的“直线距离”是一种常见的启发式量度，因为它可以作为路径问题中最小可能距离的估计。这种启发式量度的选择非常重要，因为它决定了估价函数的精度和效率。

（3）计算启发式值：启发式函数 $h(n)$ 的值应能估计从当前节点 n 到目标节点的代价。例如，在地图导航问题中，启发式值可以是当前节点到目标节点的欧几里得距离或曼哈顿距离。如果启发式函数能够合理估计代价，则启发式搜索会更有效。

（4）保证启发式函数的一致性和可接受性：为了确保启发式搜索的有效性，估价函数应尽量满足一致性或可接受性。一致性要求对每一条边 (n,n') 都满足 $h(n)\leqslant c(n,n')+h(n')$，其中 $c(n,n')$ 是从 n 到 n' 的实际代价。如果启发式函数是一致的，A*算法等搜索算法可以确保找到最优解。可接受性要求启发式估计值不超过真实值，即 $h(n) \leqslant h^*(n)$ ，其中 $h^*(n)$ 是从节点 n 到目标节点的最优代价。

3.3.5 有序搜索扩展

有序搜索（ordered search），又称为最好优先搜索（best-first search），是一种基于启发式信息的搜索方法。在这种策略中，算法维护一个 OPEN 表，用于存储待扩展的节点。每次搜索时，算法都会选择 OPEN 表中估价函数值最小的节点进行扩展。这种方法通过优先扩展那些被认为最有可能靠近目标的节点，显著提高了搜索效率并降低了计算成本。

有序搜索通常利用启发式函数来评估节点的潜在价值，从而引导搜索过程更快地接近目标状态。与盲目搜索相比，这种策略更具针对性，能够有效处理复杂问题，尤其在大规模状态空间中表现出色。

有序搜索策略如下：在每一步，选择 OPEN 表中估价函数 $f(n)$ 值最小的节点作为下一个扩展的节点。通过优先扩展最有希望的节点，搜索效率可以得到显著提高。

3.4 启发式搜索的挑战

虽然启发式搜索在许多领域中取得了成功，但在实际应用中仍然面临多方面的挑战。

1. 计算复杂性

随着问题规模的扩大，启发式搜索的复杂度呈指数级增长，导致搜索空间急剧膨胀。这种“组合爆炸”可能消耗大量时间和内存资源，使得算法难以在合理的时间内找到解。特别是在实时应用中，如机器人导航和在线游戏，快速找到高质量解成为关键。

2. 动态环境的适应

在动态环境中，问题状态可能频繁变化，如交通路径规划或自动驾驶场景。这要求搜索算法不仅能有效地进行搜索，还需具备实时更新和调整策略的能力。然而，大多数启发式算法是针对静态问题设计的，在状态不断变化时可能失去效率，因此需要增量搜索或自适应算法来应对。

3. 启发式函数设计

启发式函数的设计直接影响搜索的效率和质量。如果设计不当，启发式函数可能导致搜索过程过于缓慢，甚至可能陷入局部最优解。因此，构建有效且通用的启发式函数是一项复杂任务，通常需要依赖领域知识和大量实验。

4. 多目标优化

在实际问题中，通常需要同时优化多个目标，如路径规划中的距离和能耗、时间和成本。这增加了搜索的复杂性，因为需要在不同目标之间进行平衡，找到满足所有目标的最优解或折中方案。

5. 计算资源限制

在资源受限的环境中，如嵌入式设备或实时系统，启发式搜索需要在速度和准确性之间找到平衡。因此，如何高效管理计算资源、减少不必要的计算开销，是实际应用中的一大挑战。

第4章 模糊数学

4.1 模糊的基本概念

数学自其产生以来一直以精确性、明晰性和严格性著称，而模糊性对象和事物则一直是传统数学研究的难点。在20世纪60年代，模糊数学作为一门新的数学分支应运而生，其革命性不仅体现在知识价值上，即数学获得了新的本体论和认识论价值，还引发了数学方法论的深刻变革。模糊数学能帮助我们解决现实生活中广泛存在的不确定性和模糊性问题，为复杂系统建模和智能化决策提供有效工具。同时随着科技的发展，模糊数学在技术创新和跨学科研究中的价值愈发突出，因此学习模糊数学变得愈发重要。

4.1.1 模糊集合的概念与语言变量

1965年，美国控制论学者洛特菲·扎德（Lotfi A.Zadeh）在 *Information and Control* 杂志上发表了划时代的论文“Fuzzy Sets”，标志着模糊数学这门新学科的诞生。经过半个多世纪的发展，模糊数学的思想和方法不仅渗透到了主要数学分支中，而且在计算机等诸多领域和学科中得到了广泛应用。

模糊集合的概念源自对传统集合的一种超越。在经典集合论中，具有一定特征的元素的全体被称为集合。这些元素与集合之间的关系十分简单，即所有元素完全属于这个集合，或者完全不属于这个集合。经典集合论的这一特点虽然简化了对研究对象的处理，但却排除了具有部分特征或双重特征的元素对象。例如，在诸多现象中，如厚与薄、快与慢、大与小、长与短、轻与重、高与低、强与弱、软与硬、深与浅、美与丑、白天与黑夜，以及聪明与愚蠢、贫穷与富有等典型的二元划分之间，还存在大量的中间状态和混合状态。如何用数学工具对这些模糊不清的状态进行处理，使之纳入数学计算的范畴，成为数学家们孜孜以求的目标。

在论文中，扎德将模糊集合定义为“具有连续统一等级身份的对象的类”。扎德指出，对现实自然界中遇到的对象进行分类时，经常无法找到精确定义的判定标准。例如，在动物类中明确把狗、马、鸟等列为成员，而把岩石、液体、工厂等排除在外；然而，海星和细菌相对于动物类而言却处于一种含混状态。同样，当将数字10与远大于1的实数联系起来时，也会出现相同的模糊性。显然，“远大于1的所有实数”“好人”“高个子”这些类不构成一般数学意义上的类或集合。但事实上，这种不精确定义的

“类”在人的思维中，尤其是在图像识别、信息通信和抽象领域内起着重要作用。

在 *The Concept of a Linguistic Variable and Its Application to Approximate Reasoning* 一书中，扎德特别关注模糊数学对语言学研究的应用。他首先区分了数值变量和语言变量的概念。所谓语言变量，是指以自然或人工语言中的词或句子为值的变量，而不是以数值为值的变量。假如把数值变量的值看作平面上的点，那么语言变量的值可以比作具有模糊边界的区域。

语言变量的值的集合构成其词集，原则上可以包含无限多个元素。例如，语言变量“年纪”的词集可以表示为：T（年纪）=年轻+不年轻+非常年轻+不是非常年轻+非常非常年轻+……+老+……+不非常年轻也不非常老+……+中年+不是中年+……+不老也不是中年+……+极老+……，其中“+”表示联合而非算术和。

对于语言变量“年纪”，如果以数值 0,1,2,…,100 作为值的数值变量构成其基础变量，像“年轻”这样的语言值可以解释为基础变量值上的一种模糊限制标记，这个模糊限制被视为“年轻”的词义。模糊限制由一致性函数表征，该一致性函数将基础变量的值映射到[0,1]区间。例如，数值年纪 22、28 和 35 可能分别对应模糊值 1、0.7 和 0.2。这样，语言变量“年纪”、其词义的模糊限制和基础变量“年纪”之间的关系形成了一种体系结构。通过这种方式，运用模糊数学的方法，语言学研究可以纳入数学研究的范畴。

模糊数学是研究不确定性和模糊现象的数学分支。在现实世界中，许多事物难以明确划分其边界或确切定义，这就需要一种能够处理“部分隶属”或“部分真”的理论来描述这些现象。模糊数学的核心概念包括模糊集合、模糊逻辑和模糊推理，其应用范围涵盖从人工智能、控制系统到决策支持等众多领域。接下来将从多个方面详细介绍模糊数学的基本概念。

4.1.2 模糊性与不确定性

模糊性是模糊数学的基础概念之一，指的是在现实世界中，许多事物或现象难以用传统数学中的精确概念进行描述。在传统的二元逻辑中，事物要么属于某个集合，要么不属于，但在实际生活中，事物的分类常常是模糊的。例如，当我们讨论“高个子”时，无法为“高个子”定义一个明确的身高范围，因为人们对“高”的定义往往是相对的，并且具有模糊性。因此，模糊数学通过引入隶属度的概念来描述这种模糊性，允许事物部分地属于某个集合。

不确定性与模糊性不同。传统的不确定性通常通过概率论来描述，而模糊性则涉及事物本质上的模糊边界。概率论处理的是随机事件的可能性，而模糊数学处理的是定义模糊的概念。例如，天气预报中的降水概率是典型的随机事件，具有不确定性；而“天气是否寒冷”则是模糊性的一个例子，因为“寒冷”是一个模糊概念，因人而异，无法明确界定。

通过区分模糊性和不确定性，模糊数学使我们能够更好地处理实际生活中的模糊问题。与传统数学处理的确定性或随机性问题相比，模糊数学提供了一种更灵活的方式来描述现实中的复杂现象。

4.1.3 模糊集合

1. 模糊集合

模糊集合是模糊数学的核心概念之一，其扩展了传统集合的定义，允许元素以“部分隶属”的方式存在于集合中。隶属度是模糊集合的一个重要属性，用于表示某个元素属于集合的程度。隶属度通常用符号表示，其取值范围为[0,1]，0 表示完全不属于，1 表示完全属于，而介于 0 和 1 之间的值表示部分属于。

隶属函数是定义模糊集合的关键工具，它将集合中的元素映射到[0,1]的范围内，不同的隶属函数适用于不同的应用领域。例如，三角形隶属函数、梯形隶属函数和高斯隶属函数是最常见的几种隶属函数，它们分别适用于不同的模糊集合描述问题。

2. 模糊集合的运算

模糊集合的运算扩展了传统集合运算的概念，将并集、交集、补集等运算规则应用到模糊集合中，但使用的是基于隶属度的不同计算方式。

模糊并集：模糊集合 A 与 B 的并集是取每个元素隶属度的最大值。

$$\mu A(X)\bigcup B(X)=\mathrm{Max}(\mu A(X),\mu B(X)) \tag{4-1}$$

例如，如果一个元素在集合 A 中的隶属度为 0.4，在集合 B 中的隶属度为 0.7，那么它在 A 与 B 并集中的隶属度为 0.7。

模糊交集：模糊集合 A 与 B 的交集是取每个元素隶属度的最小值。

$$\mu A(X)\bigcap B(X)=\mathrm{Min}(\mu A(X),\mu B(X)) \tag{4-2}$$

例如，如果某个元素在集合 A 中的隶属度为 0.4，在集合 B 中的隶属度为 0.7，那么它在 A 与 B 交集中的隶属度为 0.4。

模糊补集：模糊集合 A 的补集表示元素不属于集合 A 的程度。

$$\mu\neg A(X)=1-\mu A(X) \tag{4-3}$$

例如，若某个元素在集合 A 中的隶属度为 0.7，则它在补集中的隶属度为 0.3。

假设我们有两个模糊集合“年轻”和“中年”，其隶属函数分别定义为：“年轻”的隶属函数为 30 岁及以下的隶属度为 1，随着年龄的增加，隶属度逐渐下降；“中年”的隶属函数为 40 岁及以上的隶属度为 1，随着年龄的下降，隶属度也逐渐降低。

如果一个人 35 岁，他在“年轻”集合中的隶属度为 0.5，在“中年”集合中的隶属度为 0.6。根据模糊集合的运算规则：

（1）在并集中，其隶属度为 $\mathrm{Max}(0.5,0.6)=0.6$；

（2）在交集中，其隶属度为 $\mathrm{Min}(0.5,0.6)=0.5$；

（3）在“年轻”集合的补集中，其隶属度为 $1-0.5=0.5$。

4.1.4 模糊逻辑

模糊逻辑是模糊数学的重要组成部分，旨在扩展经典的二值逻辑（真或假）以适应部分真和部分假的情况。在经典逻辑中，命题只能有两种状态：要么为真（1），要么为假（0）。然而，许多现实中的问题并不能简单地用“真”或“假”来描述。例如，“温度是否高”这个问题，可能既不是完全为真，也不是完全为假，需要模糊逻辑来处理这种模棱两可的情况。

模糊逻辑的基础是模糊集合中的隶属度。每个命题的真值不再是 0 或 1，而是一个介于 0 和 1 之间的数值，表示命题部分为真或部分为假的程度。模糊逻辑中的基本运算包括模糊与（AND）、模糊或（OR）和模糊非（NOT）等，它们与经典逻辑中的相应运算类似，但运算规则基于隶属度的处理方式不同。

模糊逻辑中的推理通常依赖于模糊规则。模糊规则通常采用“如果……那么……”的形式，如“如果温度高，那么风扇旋转的速度应该快”。这些规则定义了系统如何根据输入的模糊变量进行输出。每条模糊规则通过模糊逻辑进行推理，得到一个模糊的结果。

4.1.5 模糊控制

模糊控制是模糊数学最广泛的应用之一，它基于模糊逻辑，用于控制复杂系统。与传统的控制方法不同，模糊控制不需要精确的数学模型，而是基于经验规则进行控制。

模糊控制系统通常由以下几部分组成。

（1）模糊化：将输入变量转换为模糊集合。例如，温度输入可以被模糊化为“低”或“中”等模糊值。

（2）规则库：由一系列模糊规则组成，如“如果温度高，则风扇旋转的速度快”。

（3）模糊推理：根据输入变量的隶属度和规则库进行推理，得出模糊输出。

（4）去模糊化：将模糊输出转换为精确的控制量。

模糊控制在复杂系统的自动化控制中发挥着重要作用，广泛应用于多个领域，如空调控制、汽车自动驾驶和机器人控制等。在空调系统中，模糊控制能够根据环境温度、湿度和用户偏好等模糊输入，实时调节制冷或制热的强度，以实现舒适的室内环境。

在汽车自动驾驶中，模糊控制系统可以处理来自传感器的数据，如车速、路况和障碍物信息，从而动态调整车辆的行驶策略，实现平稳、安全的驾驶体验。通过模糊推理，系统可以在不确定和模糊的情况下做出快速决策，适应不同的驾驶环境。

在机器人控制领域，模糊控制使机器人能够在复杂的环境中进行自主导航和任务执行。通过将传感器数据模糊化，机器人能够更好地理解周围环境，并依据规则库做出适应性决策。这种方法特别适合于那些传统控制方法难以处理的非线性和不确定性系统。

4.1.6 模糊推理

模糊推理是模糊数学的关键应用之一，尤其在复杂系统的自动化控制和专家系统中。模糊推理系统依赖于模糊规则，并根据输入变量的隶属度进行逻辑推理，最终得到模糊的输出结果。

模糊推理通常包括以下几个步骤。

（1）模糊化：将输入的精确数值转换为模糊数值。

（2）模糊规则匹配：根据输入的模糊数值匹配适用的模糊规则。

（3）模糊推理：通过模糊逻辑进行推理。

（4）去模糊化：将由推理得到的模糊结果转换为精确数值。

4.2 模糊数学的前沿研究

自模糊集合理论被提出以来，模糊数学在多个领域取得了显著进展。起初的理论探讨逐渐扩展至控制工程、人工智能、医学、经济学等应用领域，并通过与其他学科的交叉融合，模糊数学得到了不断丰富和完善。

4.2.1 模糊逻辑与人工智能的结合

模糊逻辑是模糊数学的重要组成部分，它扩展了经典的二值逻辑系统，允许“部分真”或“部分假”的存在，这在处理复杂和不确定的问题时具有独特的优势。自模糊逻辑被提出以来，研究者们不断将其应用于各种智能系统，并取得了丰硕的成果。

模糊逻辑控制系统是模糊逻辑在工程领域最为成功的应用之一。模糊控制器不依赖精确的数学模型，而是通过模糊规则实现对复杂系统的控制。20 世纪 90 年代，模糊控制技术成功应用于家用电器。例如，日本松下公司推出的智能空调系统，利用模糊逻辑调整空调的制冷和制热效果，极大地提高了用户的舒适体验。从那时起，模糊控制系统在工业自动化、交通控制以及机器人控制等领域得到了广泛应用。

在人工智能领域，模糊逻辑与专家系统的结合极大地提升了智能系统的处理能力。专家系统通常基于规则进行推理，而模糊逻辑为处理不精确或模糊的规则提供了理论支持。例如，在医疗诊断系统中，医生对病症的描述往往具有模糊性，模糊逻辑可以有效处理这些模糊信息，辅助医生做出诊断决策。

近年来，模糊逻辑与深度学习的结合成为研究的一个热点。虽然深度学习在处理大数据方面表现出色，但在应对模糊性和不确定性时仍存在不足。模糊神经网络（fuzzy neural network，FNN）是一种将模糊逻辑与神经网络相结合的创新算法，能够增强神经网络处理模糊数据的能力。

4.2.2 模糊控制系统的发展

模糊控制系统是模糊数学应用中的一个重要方向，尤其在处理复杂、非线性系统时，模糊控制展现出显著的优势。自 20 世纪 70 年代以来，模糊控制逐渐应用于自动化系统，并在实际工程中取得了显著成效。

模糊控制的一个典型应用是日本新干线列车的速度控制系统。通过模糊控制，列车的加速和减速过程更加平稳，极大地提升了乘客的舒适度。这一案例证明了模糊控制在复杂系统中的优势，使得更多的工程师开始关注这一技术。

随着计算能力的提升，模糊控制系统逐渐发展出多种变体，如自适应模糊控制和模糊自整定控制等新方法。这些方法使得控制系统能够根据环境变化自动调整参数，具有更强的灵活性和自适应性。

近年来，模糊控制与其他智能控制方法的结合成为研究的一个重要方向。模糊遗传算法和模糊粒子群优化算法等混合控制方法将模糊控制与进化计算相结合，提升了控制系统的全局优化能力。在机器人控制和无人驾驶等领域，混合控制技术逐渐显示出强大的应用潜力。

4.2.3 模糊推理与决策支持系统

模糊推理是模糊数学的重要分支，广泛应用于复杂系统的决策支持中。模糊推理系统允许在不确定或模糊的信息基础上进行推理和决策，这在医疗诊断、金融投资、项目管理等多个领域具有重要的应用价值。

模糊专家系统是模糊推理在决策支持系统中的一个典型应用。传统专家系统依赖于规则进行推理，而模糊专家系统允许规则中包含模糊信息，从而能够在不确定性较高的环境中做出合理的决策。例如，在医疗诊断中，病人的症状和体征往往具有模糊性，模糊专家系统可以处理这些模糊信息，辅助医生做出更加准确的诊断。

在金融领域，模糊推理被广泛应用于风险评估和投资决策。传统的金融分析模型通常要求输入数据的精确性，但在实际操作中，许多关键数据带有不确定性或模糊性。通过构建基于模糊逻辑的推理模型，金融分析师可以在面对模糊数据时进行更为灵活的判断。

近年来，模糊多准则决策方法成为研究的一个热点。模糊多准则决策方法能够在多个模糊准则的基础上进行复杂决策，广泛应用于供应链管理、资源分配、城市规划等领域。例如，在项目管理中，模糊多准则决策方法可以帮助管理者在面对多个不确定因素时制订最佳的项目计划。

4.2.4 模糊数学的交叉研究与应用

随着模糊数学理论的深入发展，研究者们逐渐将其与其他学科进行交叉融合，产生了许多新的研究领域和应用方向。例如，模糊博弈论是模糊数学与博弈论的结合，用于解决具有模糊性和不确定性的博弈问题。模糊博弈论广泛应用于经济学、管理学和政治学等领域，能够处理模棱两可的策略选择和复杂的决策过程。

在图像处理和模式识别中，模糊数学同样取得了重要进展。模糊聚类算法是其中的典型应用，用于解决具有模糊性的数据分类问题。在医学图像分析、目标识别和大数据处理等领域，模糊聚类算法展现了强大的性能。例如，模糊 C 均值算法被广泛应用于医学图像分割，能够有效区分不同组织或器官的边界。

模糊数学与信息论、计算机科学等学科的交叉研究产生了模糊信息理论、模糊计算等新兴领域。模糊信息理论用于解决信息在不确定性和模糊性环境下的传输和处理问题，广泛应用于数据加密、信息压缩和信息安全领域。

4.3 模糊推理的基本方法

模糊推理是模糊数学中至关重要的部分，使得我们能够根据模糊信息进行推导，从而在不确定和模糊的环境中做出合理决策。与经典逻辑推理不同，模糊推理允许命题的真值介于 0 与 1 之间，能够处理诸如“部分真”或“部分假”这样复杂的情况。

4.3.1 模糊推理的基本流程

模糊推理的基本流程通常包括模糊化、规则应用、聚合推理和去模糊化等。

1. 模糊化

模糊化是模糊推理的第一步，主要任务是将输入数据转换为模糊集合中的隶属度。输入数据通常是精确的，如温度、速度等连续数值，而模糊集合则是由隶属函数定义的模糊值，如“高温”“低速”等。

在模糊化过程中，输入变量通过隶属函数被映射为不同模糊集合的隶属度。例如，温度28℃可能部分属于“适中温度”（隶属度为0.7），部分属于“高温”（隶属度为0.3）。这种模糊化的过程确保了我们能够处理连续数值中的模糊性，并为后续推理奠定了基础。

假设有一个模糊控制系统，输入变量为温度，温度的范围为0～50℃。定义以下三个模糊集合。

（1）“低温”：对应0～20℃。

（2）“适中温度”：对应15～35℃。

（3）“高温”：对应30～50℃。

如果输入温度为28℃，则它同时属于“适中温度”和“高温”两个模糊集合，其隶属度分别为0.7和0.3。这个过程通过隶属函数实现了模糊化。

2. 规则应用

模糊推理的核心是利用模糊规则进行推导。模糊规则通常以“如果……那么……”形式表示，每条规则描述了输入变量与输出变量之间的关系。例如：

（1）如果温度高，那么风速快。

（2）如果温度适中，那么风速中等。

每条模糊规则由一个条件部分（如果……）和一个结果部分（那么……）组成。当输入数据被模糊化后，推理系统将根据这些模糊规则进行推导，生成相应的模糊输出。

模糊规则应用的过程实际上是通过模糊逻辑的运算，将输入隶属度与规则库中的条件相匹配，然后推导出相应的输出。例如，如果输入温度为28℃，那么它部分属于“适中温度”（隶属度为0.7）和部分属于“高温”（隶属度为0.3）。根据模糊规则，系统会推导出部分“中速”和部分“高速”的风速输出。

假设定义了以下模糊规则：

（1）如果温度低，那么风速慢。

（2）如果温度适中，那么风速中等。

（3）如果温度高，那么风速快。

当输入温度为28℃时，根据前述模糊化的结果，系统会应用模糊规则。由于温度隶属两个模糊集合，系统会同时触发以下两条规则：

（1）根据规则“如果温度适中，那么风速中等”，模糊输出为“中速”，隶属度为0.7。

（2）根据规则“如果温度高，那么风速快”，模糊输出为“快”，隶属度为0.3。

3. 聚合推理

在实际应用中，模糊系统通常包含多条模糊规则，而每条规则可能产生不同的模糊输出。因此，需要一种方法将这些规则的输出结果组合在一起。聚合推理的任务就是将这些独立的模糊输出组合为一个单一的模糊集合。

聚合推理通常通过取规则输出的最大值或加权平均值的方式来实现。每条规则的输出结果都对应着一个隶属度，而聚合过程则将多个输出的隶属度进行融合，生成最终的模糊输出。

例如，对于上述温控系统，在输入温度为28℃时，得到了两个输出：中速风速的隶属度为0.7，快速风速的隶属度为0.3。

在聚合过程中，系统会将这两个模糊输出组合在一起。例如，可以取两个隶属度的最大值（即0.7）作为风速的最终模糊隶属度，表示风速更接近中速。

4. 去模糊化

去模糊化是模糊推理的最后一步，其目的是将模糊输出转换为精确的数值。由于模糊推理的输出是模糊集合中的隶属度，去模糊化过程需要通过某种方法将这些模糊隶属度转换为具体的控制变量或决策结果。

去模糊化的方法有多种，如最大隶属度法、重心法、加权平均法等。最常用的方法是重心法，它通过计算模糊输出的重心来确定精确的输出值。

例如，对于风速控制系统，假设聚合推理的结果为中速风速的隶属度为0.7，快速风速的隶属度为0.3。去模糊化时，可以通过重心法计算最终的风速数值。例如，如果中速风速为20m/s，快速风速为30m/s，经过去模糊化计算，最终风速可能为24m/s。

4.3.2 模糊推理的常见方法

根据具体应用场景和推理需求，模糊推理有多种实现方法。不同的推理方法适用于不同的复杂性和精确性要求。常见的模糊推理方法包括Max-Min重心法、模糊贝叶斯推理方法和模糊神经网络推理方法等。

1. Max-Min重心法

Max-Min重心法是模糊推理中最常用的一种方法。该方法的核心思想是，首先通过取输入隶属度和规则条件部分隶属度的最小值来确定规则输出的隶属度（“最小值”法则），然后通过取所有规则输出的最大隶属度来聚合这些输出（“最大值”法则）。

1）模糊化输入

将实际输入量（如温度、湿度、速度等）转换为模糊集合。使用隶属函数，确定每个输入变量的隶属度。例如，在空调控制中，实际温度可能为25℃，经过模糊化处理后，可能得出“温度低”的隶属度为 0.2，“温度中”的隶属度为 0.7，“温度高”的隶属度为 0.1。

2）构建规则库

根据领域专家的知识和经验，构建模糊规则库。规则通常采用“如果……那么……”的形式。例如，在空调控制的情况下，可能有以下几条规则：

（1）如果温度是“低”，那么风扇旋转的速度是“慢”。

（2）如果温度是“中”，那么风扇旋转的速度是“中”。

（3）如果温度是“高”，那么风扇旋转的速度是“快”。

3）应用模糊规则

对于每条规则，计算输入变量的隶属度，并找到该规则适用的最小隶属度。例如，对于第一条规则，“如果温度是低的，那么风扇速度是慢的”，假设温度的隶属度为 0.2，风扇速度“慢”的隶属度为 0.8，则该规则的输出隶属度为 $\text{Min}(0.2, 0.8) = 0.2$。

重复此过程，对于所有规则计算最小隶属度。

4）聚合模糊输出

将所有规则的结果进行聚合，通常是通过取最大值（Max）来合并所有规则的输出。例如，假设第二条规则的输出隶属度为 0.5，第三条规则的输出隶属度为 0.1，聚合后得到的风扇旋转速度的模糊输出隶属度为 $\text{Max}(0.2, 0.5, 0.1) = 0.5$。

5）去模糊化

将聚合后的模糊输出转换为一个具体的控制量。常用的去模糊化方法包括重心法或最大隶属度法。例如，假设风扇旋转速度的模糊输出是“慢”“中”“快”对应的隶属度分别为 0.2、0.5、0.1，经过重心法计算后得到具体的风扇速度值为某个数值，如 60%。

6）输出控制量

根据去模糊化的结果生成具体的控制指令，控制系统执行相应的操作。在空调控制的例子中，控制系统将风扇的旋转速度调整到 60%，以达到舒适的室内温度。

假设有以下模糊规则：

（1）如果温度高且湿度大，那么风速快。

（2）如果温度适中且湿度中等，那么风速中等。

当输入温度为 28℃，湿度为 70%时，计算出温度隶属“适中”的隶属度为 0.7，湿度隶属“中等”的隶属度为 0.6。取条件部分隶属度的最小值 0.6 作为输出的隶属度。接着，在聚合阶段，取所有规则输出的最大值来生成最终的输出。

2. 模糊贝叶斯推理

模糊贝叶斯推理是一种结合了贝叶斯概率与模糊推理的推理方法。在模糊贝叶斯推理中，通过模糊规则对模糊变量进行条件概率推断，适用于具有不确定性和模糊性的概率推理场景。这种方法特别适合在专家系统和决策支持系统中处理复杂问题，因为它能够通过贝叶斯定理推导出输入变量与输出变量的条件概率，并结合模糊逻辑进行推理。

（1）定义输入变量的条件概率分布。识别和定义输入变量及其模糊集。为每个输入变量 X 定义其条件概率分布，通常表示为 $P(X|C)$，其中 C 为相关的上下文或条件。

模糊集定义：对于输入变量 X，可以定义模糊集 A（如"高""中""低"），并为每个模糊集指定其隶属度函数。

（2）根据贝叶斯定理和模糊规则进行条件概率推理，公式为

$$P(A|B)=\frac{P(B|A)P(A)}{P(B)} \tag{4-4}$$

3. 模糊神经网络推理

模糊神经网络推理是模糊逻辑与神经网络的结合。模糊逻辑为神经网络提供了处理模糊信息的能力，而神经网络能够通过训练学习复杂的输入输出映射关系。模糊神经网络不仅可以处理模糊数据，还能够在训练过程中自动调整隶属函数和模糊规则，使其更适合复杂系统的推理和控制。

模糊神经网络推理过程如下。

（1）定义输入/输出的模糊规则，明确系统的输入和输出变量，并为其定义模糊规则。

（2）使用神经网络训练输入输出之间的映射关系，构建模糊神经网络，并使用已知的输入/输出对进行训练。

（3）对新输入数据进行推理，并根据训练好的模型进行模糊推导训练完成后，使用模型对新数据进行推理。

4.4 模糊数学的应用

模糊数学自提出以来，作为处理不确定性和模糊性问题的理论工具，已经广泛应用于多个领域。模糊数学的研究目的不仅在于构建一个理论框架来处理现实世界中的模糊性问题，还在于提供一种新的思维方式，帮助我们在复杂、不确定的情况下做出更合理的决策。

4.4.1 处理现实世界中的不确定性与模糊性问题

模糊数学最初的研究目的就是解决传统数学在处理现实世界中的不确定性和模糊性问题时的局限性。在传统数学中，集合论要求元素要么属于某个集合，要么不属于，而逻辑则要求命题要么为真，要么为假。然而，现实中的许多现象并不是黑白分明的，而是带有模棱两可的属性。例如，在定义"高个子"时，不同的人对"高"的认知不同，一个人可能被部分认为是高个子，也可能被部分认为不是高个子。

模糊数学通过引入隶属度的概念，允许事物在某种程度上隶属于集合，克服了传统集合论的局限。研究模糊数学的核心目的是构建一个更为灵活的数学框架，使得人们可以通过模糊集合和模糊逻辑等工具来处理那些定义不明确、边界模糊的问题。无论是在

社会科学、自然科学，还是工程技术中，模糊性普遍存在，而模糊数学正是为应对这些问题而生的。

4.4.2 构建处理复杂系统的数学工具

现代社会中的许多系统具有高度复杂性，往往难以通过简单的规则或公式进行描述和控制。这些系统可能涉及多个变量、相互依赖性、不确定性以及非线性行为。例如，工业生产中的自动化控制系统、金融市场中的风险评估系统、医疗诊断中的疾病判断过程等，都是复杂且不确定的系统。

模糊数学的另一个研究目的就是为这些复杂系统构建有效的数学工具。模糊控制系统、模糊推理模型和模糊决策支持系统，正是基于模糊数学的核心理念，通过引入模糊规则、隶属度和推理算法，帮助人们在复杂、不确定的条件下做出合理的决策。模糊控制系统作为模糊数学在工程领域的一个重要应用，能够在缺少精确模型的前提下对复杂系统进行高效的自动控制。这在工业自动化、智能交通、机器人技术等领域有着广泛的应用。

4.4.3 提供新的逻辑与决策方式

传统逻辑基于二值逻辑（True/False）进行推理，在这种逻辑体系下，所有判断都是确定的。然而，现实世界中，许多判断是部分确定的或带有不确定性的。例如，“今天的天气是否适合散步？”这一问题不能简单地回答“是”或“否”，而是需要进行权衡和模糊判断的问题。

模糊逻辑的引入，为处理这些带有模糊性的问题提供了新的逻辑框架。模糊逻辑允许命题的真值介于 0 和 1 之间，这使得推理过程可以处理更复杂、不确定的情况。研究模糊数学的一个重要目的就是发展这一新的逻辑体系，使得人们能够更加灵活地应对现实中的模糊决策问题。特别是在人工智能和决策支持系统中，模糊逻辑被广泛应用。通过模糊推理，人们可以在面对不确定的输入信息时做出更加合理、灵活的决策。例如，在医疗诊断系统中，医生通常根据病人的模糊症状做出判断，模糊推理能够模拟这一过程，从而帮助医生做出准确的诊断。

4.4.4 推动跨学科融合

随着现代科学的发展，学科之间的交叉与融合越来越成为趋势。模糊数学作为一门处理不确定性和模糊性问题的数学工具，其研究目的之一就是为其他学科提供理论支持，推动学科间的融合发展。

模糊数学与计算机科学、控制工程、经济学、管理科学、医学等学科的结合已经产生了许多新的研究领域。例如，模糊控制技术广泛应用于自动化领域，模糊博弈论在经济学和管理学中得到了深入研究，模糊聚类算法在数据挖掘和图像处理中的应用也十分广泛。通过模糊数学的跨学科应用，不仅丰富了各学科的研究手段，还推动了新技术、新理论的产生。

未来，随着大数据、人工智能、量子计算等前沿技术的快速发展，模糊数学在这些领域中的应用将继续扩展。例如，量子模糊逻辑是量子计算与模糊数学的交叉领域，可能为解决量子计算中的模糊性和不确定性问题提供新思路。

4.4.5 应对大数据和复杂系统分析的需求

随着信息技术的发展，大数据已成为各个领域的核心资源。大数据的特点是数据量大、数据类型多样、结构复杂且具有不确定性和模糊性。例如，社交媒体中的文本数据通常充满不确定的情感表达，而传感器采集的环境数据也存在噪声和模糊性。在这种情况下，传统的确定性数学工具无法有效处理大数据中的模糊信息。

研究模糊数学的一个重要目的就是应对大数据分析中的模糊性和复杂性挑战。模糊数学为大数据分析提供了新的理论工具，如模糊聚类、模糊神经网络和模糊模式识别等技术。这些方法可以更好地处理数据中的不确定性，提取有用信息，从而为决策提供支持。例如，模糊聚类算法可以在带有噪声或模糊边界的数据集中发现隐藏的模式和结构，广泛应用于图像识别、市场分析、医疗数据处理等领域。

此外，随着物联网技术的发展，越来越多的实时数据需要被迅速处理和分析。模糊数学的实时推理能力使其在物联网应用中扮演着重要角色。例如，智能家居系统中的环境控制、交通管理中的实时路况分析等，都可以通过模糊推理模型实现更加智能化的决策。

4.4.6 为不确定环境中的自动化控制提供理论支持

现代社会中，自动化控制系统已经成为各行业提高生产效率、降低人力成本的关键技术之一。然而，在实际应用中，许多控制系统的环境是不确定的，传统的基于精确模型的控制方法无法有效应对这些不确定性问题。例如，工业生产过程中的温度、压力等变量常常具有随机性和模糊性，要求控制系统具备一定的自适应性和鲁棒性。

模糊数学的研究目的之一是为不确定环境中的自动化控制提供理论支持。模糊控制系统不需要精确的数学模型，能够通过模糊规则和模糊推理实现对复杂系统的智能控制。模糊控制技术在工业自动化、智能交通、能源管理等领域具有广泛应用。例如，风力发电系统中的模糊控制器可以根据实时的风速、风向等模糊信息，自动调整风机的运行状态，从而提升系统的运行效率。

此外，模糊控制与其他控制方法的结合也成为研究的重要方向。通过将模糊控制与传统的比例积分微分控制（PID control）、神经网络控制等方法相结合，研究人员开发了许多混合控制系统，如模糊 PID 控制、模糊自适应控制等。这些系统能够在复杂和不确定的环境下，提供更高效的控制效果。

4.4.7 推动新型智能系统的发展

随着人工智能技术的迅速发展，智能系统正在向更加复杂和智能化的方向发展。研究模糊数学的一个重要目的是为新型智能系统提供理论支持，特别是在处理模糊性和不确定性问题时发挥重要作用。

模糊逻辑和模糊推理是许多智能系统的重要组成部分。例如，在智能家居系统中，模糊逻辑可以帮助系统根据用户的偏好和实时环境做出智能决策，如调节室内温度、灯光亮度等。此外，模糊推理在无人驾驶、智能医疗、机器人技术等前沿领域的应用也逐渐成熟。例如，无人驾驶汽车可以通过模糊推理系统对复杂路况信息做出实时判断，提高安全性和驾驶体验。

未来，随着人工智能技术的不断演进，模糊数学在智能系统中的作用将愈加重要。结合模糊逻辑、深度学习和大数据技术，研究人员可以开发出更加智能化的系统，提升它们在不确定环境下的自适应能力。

第 5 章 计 算 智 能

5.1 计算智能概述

5.1.1 计算智能的定义和特点

计算智能是一类受到大自然智慧和人类智慧启发而设计的算法总称。随着技术的不断进步，科学研究和工程实践中遇到的问题变得愈发复杂，传统计算方法在解决这些问题时面临计算复杂度高、计算时间长等挑战。为此，计算机科学家们提出了许多具有启发式特征的计算智能算法，以在求解时间和求解精度之间取得平衡。

计算智能的核心在于从自然现象中汲取灵感，如生物进化、神经元的自适应特性以及生物群体的集体行为。这些自然启发式算法通过模拟进化、学习和自组织的现象，自动寻找问题的最优解决方案。得益于计算智能在复杂和动态环境中的自我调整能力，许多系统和算法即便在缺乏详细问题描述或明确规则的情况下，依然能够保持强大的适应性和高效的搜索能力。

计算智能可以被视为生物智能的计算模拟，主要关注于较低层次的智力活动。在与更为复杂的人工智能进行比较时，计算智能侧重于基础的认知处理。与人工智能不同，计算智能专注于通过仿生学和自然启发式方法来解决问题，而人工智能则涵盖更高级的认知层次，涉及复杂的推理和决策。简单而言，计算智能与人工智能的差异在于处理问题的认知深度：计算智能注重基础层面的自适应与优化，而人工智能则强调高级的思考与推理能力。

5.1.2 计算智能的分类

计算智能的多样性使其在解决复杂问题时展现出独特的优势。根据其算法灵感来源及应用领域，计算智能常被划分为以下几大类。

（1）进化计算：这类方法模仿生物进化过程，通过选择、交叉和变异等操作，以寻找最优或次优解。这些算法特别适用于全局优化问题，能够在广泛的解空间中进行有效搜索。

（2）神经网络：受生物神经系统启发，神经网络通过大量简单神经元的连接，形成强大的信息处理能力。人工神经网络在模式识别、图像处理、语音识别等领域取得了显著成效。随着深度学习的发展，神经网络的发展进入了更高层次，能够处理更复杂的数据和任务。

（3）模糊系统：模糊系统利用模糊逻辑处理不确定性和模糊信息。通过引入模糊集合理论，它能够在不精确的信息条件下进行推理和决策，广泛应用于控制系统和决策支持系统。

（4）群智能算法：此类算法通过模拟自然界中生物群体的集体行为来求解问题。典型的群体智能算法有粒子群优化算法、蚁群优化算法等。它们在路径优化、任务分配等问题中表现出色，能够在动态环境下快速适应变化。

（5）混合智能方法：为了克服单一方法的局限性，混合智能方法将多种计算智能技术结合起来，互补其优缺点。例如，结合神经网络和进化算法的神经进化方法，更好地优化网络结构和参数。

下面分别介绍进化算法和群智能算法，重点介绍进化算法中的遗传算法和群智能算法中的粒子群优化算法和蚁群优化算法。

5.2 进化算法

5.2.1 进化算法的分类

进化算法的核心思想是模拟生物进化过程，即通过遗传选择、变异和适应性变化，逐步优化问题的解答。根据不同的进化机制和操作，进化算法可以分为多种类型。

1. 遗传算法

遗传算法是进化算法中最具代表性的一种，通过选择、交叉和变异等生物启发式操作，模拟生物进化中的遗传过程，逐步优化问题的解答。遗传算法在解决复杂的组合优化问题上表现出色，广泛应用于路径规划、资源分配、生产调度等领域。

2. 差分进化

差分进化是一种专门用于连续优化问题的进化算法。它通过差分变异操作生成新解，即利用当前种群中两个解的差值对第三个解进行变异，从而在解空间中进行高效的探索。差分进化在高维连续优化问题中具有很强的表现，因其简单有效，逐渐成为进化算法中的一大重要分支。

3. 进化策略

进化策略最初用于解决复杂的工程优化问题。进化策略注重使用实值编码，常用于连续优化问题。与遗传算法不同的是，进化策略的变异操作更为重要，通常通过高斯分布或其他随机分布来生成新的个体解。

4. 遗传规划

遗传规划是遗传算法的延伸，专门用于自动生成计算机程序。遗传规划通过进化过程自动生成表达式或程序结构，广泛应用于自动编程、公式发现和机器学习等领域。遗传规划的个体通常为树结构，用于表示程序或表达式的形式。

5. 协同进化

协同进化是一种模拟生物界中不同物种相互竞争或合作的进化算法。协同进化算法通过同时进化多个种群，使得种群之间能够通过竞争或合作相互影响，适用于解决多目标优化问题。

这些算法在不同的应用场景中表现出强大的适应性和灵活性，已经成为解决复杂优化问题不可或缺的工具。

5.2.2 遗传算法

作为进化算法的典型代表，遗传算法通过模拟生物进化中的选择、交叉、变异等过程，逐步优化问题解答。由于其强大的搜索能力和广泛的适用性，遗传算法已被广泛应用于优化、搜索和机器学习等领域。

1. 遗传算法的概念

遗传算法的基本思想源于达尔文的进化论和自然选择原理。在遗传算法中，一组称为“种群”的个体通过选择、交叉和变异等操作，逐代进化以优化目标函数。每个个体对应于问题的一个潜在解，其优劣通过适应度函数进行评估。算法通过不断筛选适应度高的个体，使解逐渐逼近最优解。

遗传算法的核心优势在于它不依赖于问题的特定性质，如导数信息或连续性，适用于求解复杂、多峰、多维度的优化问题。由于其不受特定问题的限制，遗传算法能够在较大的搜索空间中同时处理多个候选解，并且通过交叉和变异等随机操作有效探索解空间。

2. 遗传算法的核心

遗传算法的基本思想是通过“适者生存”的进化原理逐步优化问题的解。它从一组候选解（即“个体”）开始，通过遗传操作（如选择、交叉和变异），逐步产生新的解，最终趋近全局最优解。遗传算法的执行流程如下。

（1）初始化种群：随机生成一组初始解，称为种群。每个解是问题定义域内的一个个体，通常用编码表示（如二进制字符串、实数数组等）。

（2）计算适应度值：为每个个体计算其适应度，适应度函数 $f(x)$ 用于衡量个体解问题的优劣程度。

（3）选择操作：根据个体的适应度值选择更优的个体。高适应度个体有更高的概率被选择用于繁殖。这可以通过多种选择机制实现，如轮盘赌选择和锦标赛选择。

（4）交叉操作：选择优良个体进行交叉，即基因重组操作。通过交叉，两个个体的部分基因信息被组合，生成新的“子代”个体。常见的交叉方式包括单点交叉、多点交叉和均匀交叉。

（5）变异操作：对交叉产生的子代个体进行变异，即随机改变个体的部分基因值。变异确保种群的多样性，防止算法过早陷入局部最优。

（6）终止条件：经过选择、交叉和变异操作后，生成新一代种群。部分或全部旧种群被替换。判断是否满足终止条件。常见的终止条件包括达到预定的最大代数，或者种群中的个体适应度收敛到某一固定值。如果满足终止条件，算法停止并返回最优解；否则，继续从步骤（2）开始循环。

图 5-1 为遗传算法流程图。

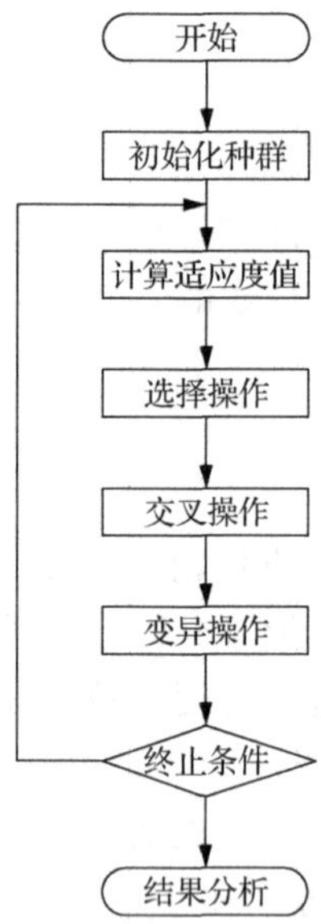

图 5-1 遗传算法流程图

5.3 群智能算法

随着科学技术的不断发展，解决复杂优化问题的方法层出不穷。群智能算法因其从自然界群体行为中汲取灵感，具备高度的协作性和自适应性，逐渐成为一种热门的计算智能方法。通过模拟自然界中群体的合作与竞争机制，群智能算法能够在不依赖全局控制的情况下，通过个体间的交互和信息共享，快速求解复杂的优化问题。

5.3.1 常见的群智能算法

群智能算法包括多种不同的算法，它们分别模拟了不同的自然群体行为。以下是几种经典的群智能算法。

1. 粒子群优化算法

粒子群优化算法的灵感来源于鸟群飞行过程中捕食行为的模拟。粒子群优化算法的核心思想是通过每个粒子（个体）在解空间中的搜索行为，利用个体最佳位置和群体最佳位置的相互作用，不断更新每个粒子的速度和位置，最终收敛到全局最优解。粒子群优化算法的优势在于结构简单、计算效率高，特别适合连续优化问题。

2. 蚁群优化算法

蚁群优化算法的灵感来源于蚂蚁在觅食过程中通过信息素进行路径选择的行为。蚁群优化算法通过模拟蚂蚁释放和跟随信息素的过程，不断寻找问题的最优解。该算法特别适合解决组合优化问题，如旅行商问题、任务调度问题等。

3. 人工蜂群算法

人工蜂群算法模拟了蜜蜂觅食过程中的群体行为。蜜蜂分为侦察蜂、跟随蜂和采蜜蜂三种角色，分别负责搜索新的解、跟随其他个体并改进解和开发已知解。人工蜂群算法在求解函数优化和组合优化问题时表现出良好的性能，特别是在处理复杂多峰问题时具有优势。

4. 蝙蝠算法

蝙蝠算法的灵感来源于蝙蝠通过超声波回声定位来寻找猎物的行为。蝙蝠算法通过调节频率、响度和脉冲发射率来模拟蝙蝠的搜索过程，能够在复杂的优化问题中表现出较好的全局搜索能力。

5. 萤火虫算法

萤火虫算法的灵感来源于萤火虫之间的吸引行为。萤火虫的吸引力与其亮度成正比，个体间的吸引使得算法能够快速找到最优解。萤火虫算法在求解多目标优化问题中具有优势，尤其适合高维度问题。

5.3.2 群智能算法的特点

群智能算法具有以下主要特点和不足之处。

（1）自适应性：群智能算法的一大优势在于其卓越的自适应能力。这种能力允许算法在动态且复杂多变的环境中灵活调整策略。每个个体能够根据环境的变化和自身状态实时进行策略调整，从而确保整个群体能够有效应对外部挑战。这种自适应性不仅提高了算法处理复杂问题的鲁棒性，还帮助算法在不断变化的条件下持续优化解决方案，保持高效。

（2）全局优化能力：群智能算法在全局优化方面表现出色，这主要归功于个体之间的信息交流和协作机制。通过这种信息共享，算法可以全面深入地探索解空间，寻找最优解。群体协作的特性显著降低了陷入局部最优解的风险，使算法在全局搜索中展现出强大的能力和高效的收敛性。

（3）并行处理：群智能算法的并行处理能力也是其一大特点。在算法中，多个个体能够同时进行独立搜索，这种并行性极大地提升了搜索效率，加快了优化过程。特别是在处理大规模和复杂问题时，并行特性使得算法能够快速收敛至高质量的解，体现出在计算资源和时间效率上的显著优势。

（4）简单易实现：群智能算法通常基于简单的规则和原则设计，使其在实现上非常直观和便捷。由于算法参数相对较少，用户无须深入掌握复杂的数学理论即可轻松上手。这种设计特性使群智能算法在各领域的应用变得十分广泛，无论是专业人士还是普通用户都能利用这些工具解决实际问题。

（5）分布式计算：群智能算法的分布式计算特性增强了系统的灵活性和容错能力。算法中的个体在分布式环境中独立运行，不依赖中心控制节点。这种去中心化的结构允许系统在非理想环境中保持稳定运行，即使部分个体失效，整体系统仍能维持功能和效率。

然而，群智能算法也面临一些不足。

（1）收敛速度：尽管群智能算法因其全局搜索能力受到赞誉，但在处理庞大解空间或高复杂度问题时，可能需要较长的迭代过程才能达到满意解。这种缓慢的收敛速度可能影响其在实际应用中的时效性，尤其是在时间敏感的优化问题中。

（2）参数依赖性：群智能算法的性能在很大程度上依赖于参数的设置，包括群体规模、学习速率等。这些参数的配置对算法效率和结果有决定性影响。不当的参数配置会导致算法收敛缓慢、效率低下，甚至无法找到可行解。因此，参数调优成为使用群智能算法的重要任务。

（3）局部最优陷阱：虽然在避免局部最优解方面有一定优势，但在某些复杂问题中，算法仍存在陷入局部最优的风险。对于解空间中存在多个局部极小值的情况，算法可能停滞不前。克服局部最优陷阱并提高搜索多样性是研究热点。

（4）通信开销：个体间的信息共享可能带来通信成本负担，特别是在需要大量个体参与且频繁交互的场合。这些通信开销会对算法的执行效率和整体性能产生负面影响。

（5）理论基础薄弱：尽管实践中成功应用，群智能算法的理论基础相对薄弱，限制了其进一步发展和广泛应用。许多算法的收敛性证明、稳定性分析等理论问题尚未完善。增强理论支持将有助于算法在更广泛领域中的研究和应用。

5.4 粒子群优化算法

5.4.1 粒子群优化算法的原理

粒子群优化算法是一种基于群体智能的优化算法，广泛应用于多个领域，如函数优化、机器学习、图像处理等。其核心思想是模拟一群粒子在搜索空间中的运动，其中每个粒子代表一个潜在解。粒子在解空间中飞行，并根据个人经验和群体经验更新自己的位置和速度，以寻找最优解。每个粒子会记住自己发现的最佳位置，并与其他粒子共享信息，从而使整个群体能够朝着最优解的方向移动，最终找到问题的最佳解。

可以将这一过程类比为一群鱼在大海中寻找食物。每个粒子就像一条鱼，在水下的空间中游动。每条鱼都记得自己曾经找到食物最丰富的地方，这就是它的个体经验。同时，鱼群之间会交流信息，了解整个鱼群找到的最丰富的食物来源位置，这是群体智慧的体现。鱼群中的每一条鱼都会根据自己和同伴的经验，以及一些随机的探索，来决定下一步游向哪里。随着时间的推移，鱼群会逐渐聚集到食物最丰富的地方。粒子群优化算法正是模仿了这种行为，通过粒子之间的信息共享和随机探索来寻找问题的最优解。这种设计赋予了粒子群优化算法极强的适应性和灵活性。粒子在搜索过程中不断调整自己的位置和速度，通过多个粒子同时在解空间中进行探索，有效避免了传统优化方法可能出现的局部最优问题。随着时间的推移，粒子逐渐向最优解聚集，形成了一种动态的搜索过程。

5.4.2 粒子群优化算法的步骤

整个算法的流程包括初始化参数和粒子群、评估适应度、更新个体和全局最佳位置、更新粒子的速度和位置，以及检查终止条件。以下是这些步骤的详细描述。

1. 初始化参数和粒子群

（1）选择参数：首先确定粒子群的规模，即粒子的数量 N，这影响了搜索的广度。然后设定算法的最大迭代次数 T，这是算法将运行的总时长。接下来定义适应度函数 $f(\boldsymbol{x})$。该函数用于评估每个粒子所代表解的优劣，通常根据具体优化问题设计，目的是最小化或最大化某个目标。

（2）设置惯性权重：选择惯性权重 $\boldsymbol{w}$，它控制粒子速度的前一次迭代对当前迭代的影响。较大的惯性权重有助于粒子在整个解空间中进行全局搜索，而较小的权重则有助于粒子在其最佳位置附近进行局部搜索。

（3）设定加速常数：确定认知加速常数 c_1 和社会加速常数 c_2。这两个参数决定了粒子向自己历史最佳位置和群体历史最佳位置移动的趋势。

（4）生成随机数：生成两个随机数 r_1 和 r_2，它们的值在[0,1]范围内，用于调节粒子个体学习和群体学习的随机性。

（5）随机初始化粒子：在定义的搜索空间内随机生成每个粒子的位置 $\boldsymbol{x}_i(0)$，每个粒子代表一个潜在解。

（6）初始化粒子的速度：初始化粒子的速度 $\boldsymbol{v}_i(0)$，可以随机初始化，或者初始时设为零。

（7）初始化个体和全局最佳位置：将每个粒子的个体最佳位置 $\hat{\boldsymbol{x}}_i(0)$ 初始化为其初始位置。同时，通过比较所有粒子的适应度，找到并初始化全局最佳位置 $\boldsymbol{g}(0)$，这是当前找到的群体中适应度最优的粒子的位置。

2. 评估适应度

对每个粒子的位置 $\boldsymbol{x}_i(t)$ 计算适应度 $f(\boldsymbol{x}_i(t))$，随后更新个体最佳位置 $\hat{\boldsymbol{x}}_i(t)$ 与全局最佳位置 $\boldsymbol{g}(t)$。

3. 更新粒子速度和位置

在粒子群优化算法中，速度更新公式和位置更新公式是两个核心部分，它们通过平衡粒子的当前运动状态、自身的历史经验（认知部分）和群体的经验（社会部分），确保粒子在解空间中有效探索。速度的更新基于当前的速度、个体最优位置和全局最优位置。公式如下：

$$\boldsymbol{v}_i(t+1)=\boldsymbol{w}\cdot\boldsymbol{v}_i(t)+c_1\cdot r_1\cdot(\hat{\boldsymbol{x}}_i(t)-\boldsymbol{x}_i(t))+c_2\cdot r_2\cdot(\boldsymbol{g}(t)-\boldsymbol{x}_i(t)) \tag{5-1}$$

其中，$\boldsymbol{w}\cdot\boldsymbol{v}_i(t)$ 是惯性权重部分，表示当前速度的影响。如果惯性权重 $\boldsymbol{w}$ 较大，粒子更倾向于保持当前的运动方向。$c_1\cdot\boldsymbol{r}_1\cdot(\hat{\boldsymbol{x}}_i(t)-\boldsymbol{x}_i(t))$ 是认知部分，表示粒子自身的经验，粒子向自己认为的最佳位置 $\hat{\boldsymbol{x}}_i(t)$ 靠拢。随机数 r_1 的加入是为了增加搜索的随机性。$c_2\cdot r_2\cdot(\boldsymbol{g}(t)-\boldsymbol{x}_i(t))$ 是社会部分，表示粒子向全局最佳位置 $\boldsymbol{g}(t)$ 靠拢，受群体其他粒子的影响。

在更新了速度之后，粒子的位置也需要进行更新。粒子的新位置是根据其当前速度和位置来计算的：

$$\boldsymbol{x}_i(t+1)=\boldsymbol{x}_i(t)+\boldsymbol{v}_i(t+1) \tag{5-2}$$

图 5-2 为粒子位置更新示意图。

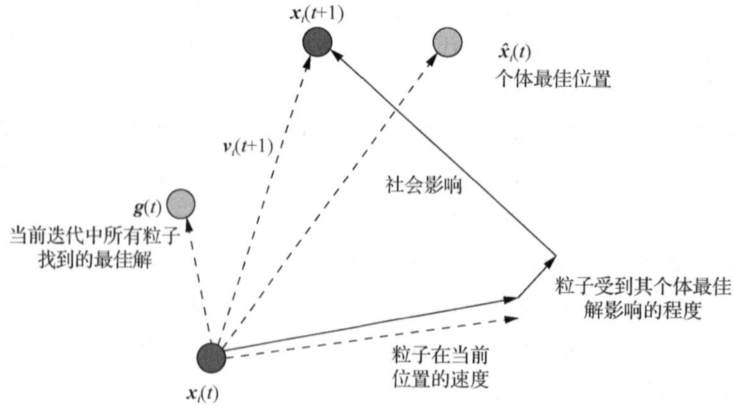

图 5-2 粒子位置更新示意图

4. 检查终止条件

在每次迭代后，检查算法是否满足终止条件。常见的终止条件包括：达到最大迭代次数 T、全局最佳适应度 $\boldsymbol{g}(t)$ 在若干代中没有显著提升、全局最佳适应度值达到预设阈值等。如果满足终止条件，算法结束并返回全局最优解；如果不满足，则继续从步骤 2 开始进行下一次迭代。

5. 返回结果

粒子群优化算法返回找到的全局最佳解 $\boldsymbol{g}(t)$ 及其对应的适应度值 $f(\boldsymbol{g}(t))$ 作为最终输出结果。

5.4.3 粒子群优化算法的应用

粒子群优化算法因其独特的优势在多个领域得到了广泛应用。

首先，在工程设计中，粒子群优化算法常用于结构优化、设备参数调优等任务。例如，在航空航天工程中，设计师可以利用粒子群优化算法优化飞机翼的形状，以降低阻力并提高燃油效率。通过粒子的协作，能够有效找到最佳设计方案。

其次，粒子群优化算法在机器学习领域中通过优化特征子集，提高了模型的准确性和泛化能力。同时，该算法也被用来调整神经网络的权重和结构，从而提高学习效果。此外，粒子群优化算法也可以在医学图像分析中帮助医生自动分割出肿瘤区域，从而提高诊断效率和准确性。

随着技术的发展，研究者们对粒子群优化算法的基本框架进行了许多改进，包括动态调整参数和引入混沌序列等方法，以提升其搜索性能和收敛速度。这些改进使得粒子群优化算法在处理高维、多峰和复杂问题时表现出色，并在多个领域得到了广泛应用。当前，粒子群优化算法仍在不断发展，研究者们正在探索新的应用场景和改进策略，进一步拓展其在科学研究与工业实践中的潜力。

5.5 蚁群优化算法

5.5.1 蚁群优化算法的发展

蚁群优化算法是一种基于自然界中蚂蚁觅食行为的启发式优化算法，主要用于解决组合优化问题。当蚂蚁在寻找食物时，它们会在路径上留下信息素。当其他蚂蚁找到食物后，它们也会沿着同一条路径返回巢穴，并在此过程中继续留下信息素。信息素的浓度随着时间的推移和蚂蚁的经过而变化，最终使得较短的路径因信息素浓度较高而更具吸引力，形成了蚂蚁群体的集体选择行为。这一现象为蚁群算法的设计提供了重要启示。蚁群算法的基本思想来源于对蚂蚁寻找食物过程中行为的观察，特别是它们如何通过信息素的相互作用和交流来找到最优路径。这种集体智能的特性为解决复杂问题提供了新的方法思路。

随着计算机科学和人工智能的发展，研究者们对蚁群优化算法进行了多方面的改进和扩展，形成了多种变体。1997 年，Dorigo 及其合作者推出了蚁群优化算法的第一个实际应用案例——解决旅行商问题，这标志着蚁群优化算法的实用化。随着算法的不断完善，蚁群优化算法开始被应用于调度、路径规划、网络路由、图像处理等多个领域，显示出其强大的适应性和有效性。

近年来，研究者们针对蚁群优化算法的收敛速度和搜索效率提出了多种改进方案，如加权蚁群算法、自适应蚁群算法和混合蚁群算法，这些变体进一步拓展了蚁群优化算法的应用范围。

5.5.2 蚁群优化算法的基本步骤

蚁群优化算法的基本步骤包括初始化、路径构建、信息素更新和终止条件，每个步骤都是算法成功的关键。以下是对这些步骤的描述。

（1）初始化：在蚁群优化算法的起始阶段，所有路径上的信息素浓度被赋予相同的初始值。这一步骤为算法的顺利进行奠定基础，提供了一个公平的起点，使蚂蚁能够开始探索解空间。初始化不仅包括信息素的设置，还涉及蚂蚁初始位置的分配，确保每只蚂蚁从不同的起点开始其寻优之旅。

（2）路径构建：路径构建是蚁群优化算法的核心步骤。每只蚂蚁根据当前路径上的信息素浓度和启发式信息（如距离或其他问题特定的评价标准）来决定其下一步的移动方向。在这个过程中，蚂蚁表现出高度的自主性，它们不仅依赖于信息素的引导，还利用问题本身的结构信息来优化其决策。这一步骤模拟了蚂蚁在自然环境中寻找食物的路径选择行为，是算法发现优化路径的基础。

（3）信息素更新：当所有蚂蚁完成一次迭代，即每只蚂蚁都完成了一次完整的路径探索后，算法将进入信息素更新阶段。在这个阶段，路径上的信息素会根据蚂蚁走过的路径长度进行调整。路径越短，信息素增加越多，这体现了算法的正反馈机制——优质的路径会吸引更多的蚂蚁，从而进一步增强其信息素浓度。信息素更新是算法逐渐聚焦于最优解的关键环节。

（4）终止条件：蚁群优化算法通过重复执行路径构建和信息素更新步骤来逐步逼近最优解。这一过程将持续进行，直到满足预设的终止条件。终止条件可以是达到一定的迭代次数，也可以是找到一个满足特定质量要求的解决方案。在满足终止条件后，算法将停止迭代，输出当前找到的最优解或一组优秀的解。

5.5.3 蚁群优化算法的应用

蚁群优化算法以其简单、高效、易于实现的特点，在优化领域显示出巨大的潜力。随着算法的不断发展和完善，它在多个领域得到了广泛应用，以下是一些具体的应用实例。

随着机器学习和数据挖掘的快速发展，蚁群优化算法逐渐被用来进行模型优化和数据处理。它不仅可以优化模型参数，确保模型在预测精度和计算效率之间取得平衡；还能在特征选择任务中，通过筛选出对预测结果影响最大的特征，减少数据维度，提高算法的运行速度和模型的泛化能力。

同时，蚁群优化算法为生物信息学的科学研究带来了革命性的变化。它被用于基因序列分析，帮助科学家识别和解读生物体内的遗传信息。在蛋白质结构预测和药物设计方面，蚁群优化算法通过模拟自然进化过程，加速了潜在药物分子的筛选，为药物研发提供了有力支持。

此外，蚁群优化算法还涉及游戏设计、机器人控制和工程设计等领域。随着算法的不断发展，蚁群优化算法在解决复杂优化问题方面展现出了巨大的潜力。研究者们通过改进算法的参数调整、信息素更新机制和探索策略，进一步提高了算法的性能和适用性。未来，蚁群优化算法有望在更多领域发挥其独特的优势。

第 6 章

专 家 系 统

6.1　专家系统概述

6.1.1　专家系统的定义

专家系统是人工智能领域中的一个重要分支，旨在将人类专家的知识和决策过程通过计算机技术模拟出来，以帮助解决特定领域中的复杂问题。它是一种智能计算机程序系统，能够使用专门领域中的知识和推理技术来执行具有高度复杂性的问题求解。专家系统最显著的特征就是能够模拟人类专家的思维和决策过程，以专家的水平来解决那些通常需要专家判断的问题。

在现代社会中，专家系统的应用范围广泛。它们在医疗诊断、工业自动化、金融预测、农业规划、科学研究和法律推理等领域都取得了显著的成果。例如，MYCIN（图 6-1）是一个经典的医学诊断专家系统，它能够在医疗诊断中给出抗生素的使用建议；PROSPECTOR 则是用于矿产勘探的专家系统，帮助地质学家分析和预测矿产分布。

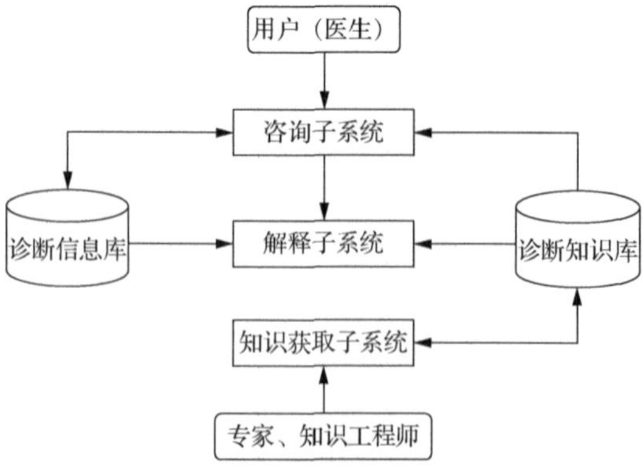

图 6-1　MYCIN 示意图

专家系统的定义可以从以下几个关键点进行概述。

1）智能性

专家系统被设计为模拟人类专家的思维过程和决策方法，利用计算机程序执行专家级的推理和判断。它具备一定程度的“智能”，能够在给定的知识库基础上，处理复杂、模糊或不确定的信息。

2）基于知识

专家系统的核心在于它拥有一个结构化的知识库。知识库中存储的是由领域专家提供的丰富知识和经验。这些知识可以是事实、规则、模型、关系等，形成系统推理和决策的基础。

3）推理能力

专家系统不仅仅是数据检索系统，它具备推理能力，能够根据用户输入的具体问题，结合知识库中的知识，通过推理引擎（推理机）来给出解决方案。这一推理过程可能涉及逻辑推理、归纳推理或演绎推理等多种方式。

4）交互性

专家系统通常具有与用户的交互功能。用户通过接口输入问题或数据，系统通过推理得出结论并提供解释。这种交互可以是简单的问答形式，也可以是复杂的交互过程。

5）特定领域的应用

专家系统通常是针对某个特定领域开发的，它们在特定领域中具有高度的专业性和准确性。由于它们是根据专家的经验和知识开发的，因此在那些需要专家判断的场景中尤为有效。

6）不知疲倦

与人类专家不同，专家系统可以连续工作而不感到疲劳或注意力不集中，因此它能够在不受环境或情绪因素影响的情况下，稳定地提供高质量的决策。

7）自动化和普适性

专家系统能够自动执行决策和推理过程，不仅可以减少人类专家的工作量，还能在那些人类专家资源稀缺的领域中发挥作用。例如在偏远地区，医疗专家系统可以帮助医生进行诊断和治疗决策。

6.1.2 专家系统的特点

与传统计算机程序相比，专家系统具备一些独特的特点，正是这些特点使得专家系统能够在特定领域中发挥智能决策的作用。这些特点包括启发性、透明性、灵活性以及处理不确定性和模糊信息的能力。

1）启发性

专家系统能够利用人类专家的知识和经验，在解决问题时不只是依靠机械的逻辑推理，还可以运用启发式推理方法。这种启发式推理能够在没有完整数据或信息的情况下，通过规则和经验推测出合理的解决方案。例如，医学专家系统可以在部分患者信息缺失的情况下，根据现有数据推断出可能的诊断结果。

2）透明性

专家系统具有解释其推理过程的能力。用户不仅可以获得系统给出的结论，还可以通过系统提供的解释了解为什么得出这个结论。这种透明性增加了用户对系统的信任，并且有助于用户进一步调整输入数据或进行相关决策。

3）灵活性

专家系统具备灵活性，它能够在不断获取新知识的过程中，对知识库进行更新和扩展。通过这种更新机制，专家系统可以随着时间的推移不断优化其推理和决策过程。这使得专家系统具有较长的使用寿命，能够适应变化的环境和新出现的问题。

4）高效性

专家系统的设计目的是解决特定领域中的复杂问题，因此它能够在短时间内处理大量复杂数据，提供快速准确的决策。相比人类专家，专家系统能够处理更大规模的数据量，并且在解决重复性问题时表现尤为高效。

5）处理不确定性和模糊性

在许多实际问题中，输入的数据往往是不完全、不确定或模糊的。例如，在医疗诊断中，患者的症状可能没有完全显现，或者某些症状可能具有多种可能的原因。专家系统能够处理这种不确定性，通常使用模糊逻辑、贝叶斯网络等方法来推理不完全信息，得出可能的结论。

6）可扩展性

由于专家系统的知识库是可以不断扩充和更新的，因此系统具备良好的可扩展性。通过增加新的规则和知识，专家系统可以应对新的问题，扩展其应用范围。这种可扩展性使得专家系统在复杂环境中的应用潜力巨大。

7）决策支持

专家系统的另一个重要特点是它能够作为决策支持工具，帮助用户在面临复杂决策时提供有力的支持。它不仅能够提供可能的解决方案，还可以对不同方案的可行性和效果进行评估，从而帮助用户做出最佳选择。

6.1.3　专家系统的基本结构

一个典型的专家系统由以下几个主要组件组成：知识库、推理机、解释器、用户接口和全局数据库。这些组件各自承担不同的功能，协同工作，使系统能够完成复杂的推理和决策任务。专家系统结构图如图 6-2 所示。

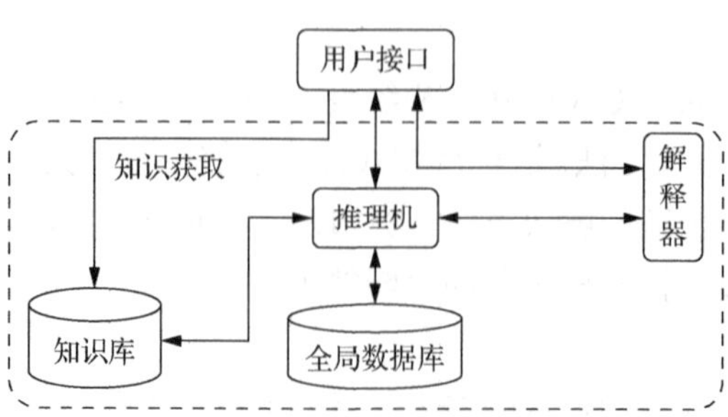

图 6-2　专家系统结构图

1. 知识库

知识库（knowledge base）是专家系统的核心部分，存储了系统解决问题所需的领域知识。知识库中的知识通常以规则、事实、框架、模型等形式存在，它是系统推理和决策的基础。知识库的规模和质量直接决定了专家系统的性能和能力。

（1）知识的表示形式：在专家系统中，知识库中的知识可以通过多种形式表示，最常见的形式是规则表示。规则通常以“如果……那么……”的形式出现，例如，“如果病人发烧且咳嗽，那么可能患有流感。”这种规则的形式非常适合处理复杂的决策问题，尤其是在存在多种可能性的情况下。此外，知识还可以通过语义网络、框架、模糊逻辑等方式进行表示，以适应不同类型的问题。

（2）知识获取与存储：知识库中的知识来源于人类专家的总结与提炼。知识工程师通过与领域专家的合作，获取相关领域的专门知识，并将其形式化地存储在知识库中。知识获取是专家系统开发中的一个关键步骤，涉及如何有效地从专家那里提取知识并将其转换为计算机可以处理的规则和数据。

2. 推理机

推理机（inference engine）是专家系统的“推理引擎”，它利用知识库中的规则和数据，执行推理过程，从而得出结论或建议。推理机根据用户输入的信息，结合知识库中的知识，进行逻辑推理或启发式推理，最终得出解决方案。

推理机的核心功能是通过应用推理规则来推导新的信息或结论。在此过程中，推理机可以通过两种主要的推理方法工作：前向推理（forward chaining）和后向推理（backward chaining）。

（1）前向推理：前向推理是从已知的事实出发，应用规则逐步推导出新的事实或结论。它是一种自下而上的推理方法，通常用于需要从一系列已知条件推导出多个可能结果的场景。例如，在诊断一个复杂系统的故障时，前向推理可以从故障的表现出发，逐步找到故障的根本原因。

（2）后向推理：后向推理则是从一个特定的目标出发，逆向寻找支持该目标的证据和规则。它是一种自上而下的推理方式，适用于验证某个假设是否成立。例如，在医疗诊断中，后向推理可以从“患者可能患有某种疾病”的假设出发，检查是否有证据支持该假设。

推理机还负责处理不确定性和模糊性。例如，在某些情况下，系统可能无法确定某个结论的绝对正确性，这时，推理机可以通过模糊逻辑或贝叶斯推理等方法，给出结论的置信度或可能性。

3. 解释器

解释器（explanation facility）的作用是向用户解释系统的推理过程。解释器可以回答用户提出的问题，如“为什么系统得出了这个结论？”或“系统为什么选择了这个解决方案？”解释器的存在增加了系统的透明度，使用户能够更好地理解和信任系统的决策过程。

解释器不仅仅是为了让用户了解系统的工作原理，它也是一种调试和优化工具，帮助系统开发人员识别并修正系统中的问题。通过查看系统的推理过程，开发人员可以发现知识库中的错误或不完善之处，并及时进行调整。

4. 用户接口

用户接口（user interface）是用户与专家系统之间的交互通道。一个设计良好的用户接口能够使用户方便地与系统进行交互，输入问题或数据，并获取系统给出的结论或建议。用户接口的形式可以是文本界面、图形界面，甚至是语音界面，具体形式取决于系统的应用场景和用户需求。

良好的用户接口应该具备以下特点。

（1）易用性：用户无须具备复杂的技术知识即可使用系统。

（2）交互性：系统能够根据用户的输入，给出清晰的反馈，并引导用户完成任务。

（3）解释性：系统能够及时向用户解释当前的推理过程和决策逻辑。

5. 全局数据库

全局数据库（global database）用于存储系统运行过程中生成的中间数据或临时数据。它与知识库不同，知识库中存储的是规则和固定的知识，而全局数据库中存储的是系统当前推理状态的信息。推理过程中，系统生成的临时结论和中间结果都会存储在全局数据库中，为后续的推理过程提供支持。

全局数据库在推理过程中起到重要作用，尤其是在复杂的推理任务中，它可以大大提高系统的处理效率，避免重复计算和冗余操作。

6.1.4 专家系统的类型

根据专家系统的功能和应用领域的不同，专家系统可以分为多种类型，每种类型的系统针对特定问题场景，具备不同的能力和特征。

1. 解释型专家系统

解释型专家系统的任务是对复杂的数据或信息进行分析和解释，帮助用户理解其深层含义。这类系统特别擅长处理大量、不完全或不精确的数据，常用于图像分析、语音识别、化学结构分析等场景。例如，卫星图像的分析系统可以通过对图像数据的解读，提供关于天气、地质等方面的信息。

2. 预测型专家系统

预测型专家系统的任务是通过对历史和当前数据的分析，预测未来可能发生的情况。它们常用于气象预测、经济预测、交通流量预测等场景。这类系统的核心在于建立适应时间变化的动态模型，能够处理不确定性和不完全的信息。

3. 诊断型专家系统

诊断型专家系统用于根据观察到的症状或现象，推断问题的根本原因，特别是在医疗和机器故障诊断领域中应用广泛。例如，医学诊断专家系统可以根据患者的症状和体检数据，推断可能的疾病，并给出治疗建议。MYCIN 就是一个经典的医学诊断专家系统，专门用于细菌感染的诊断和抗生素的推荐。

4. 设计型专家系统

设计型专家系统帮助用户根据特定需求设计出符合要求的方案。这类系统应用于工程设计、建筑设计、机械设计等领域。设计型专家系统能够处理多重约束条件，并在解空间中搜索最佳设计方案。

5. 规划型专家系统

规划型专家系统用于制订达到特定目标的行动计划，常用于机器人导航、项目管理、军事指挥等场景。它需要具备处理动态变化的能力，能够根据外部环境的变化调整计划。

6. 监控型专家系统

监控型专家系统用于实时监控系统或过程的行为，并在发现异常情况时发出警报。它们广泛应用于核电站的安全监控、空中交通管理、传染病疫情监测等场景。监控型专家系统必须具备快速反应能力，确保在危机发生前采取必要的防护措施。

7. 控制型专家系统

控制型专家系统负责对某个系统或过程进行实时控制，确保其在预期范围内正常运行。典型应用包括生产线的自动化控制、交通系统的实时调度、机器人自主控制等。控制型专家系统需要在复杂的环境中进行多任务管理，保证系统的稳定运行。

8. 调试型专家系统

调试型专家系统用于帮助用户识别并解决系统故障。它们能够对问题进行诊断并提供修复建议。调试型专家系统通常与诊断、规划和控制型专家系统结合使用，尤其在复杂机械设备的维护和调试过程中，能够大大提高维修效率。

9. 教学型专家系统

教学型专家系统用于根据学生的特点和学习需求，提供个性化的教学和辅导方案。它们被广泛应用于计算机辅助教学、在线教育等领域。通过诊断学生的知识掌握情况，系统能够提供针对性的教学内容，并帮助学生克服学习中的困难。

6.1.5 专家系统的优点与局限性

专家系统作为人工智能的一个重要分支，在多个领域的应用中展现出了强大的能力和广泛的前景，但其在开发和应用过程中也面临一些挑战。

在具体的应用中专家系统具有效率高、准确性和稳定性强、知识共享、可解释性以及良好的成本效益等优点。它能够快速处理数据并提供一致的决策，促进专业知识的传播，从而提高决策质量，尤其在需要紧急反应和高可信度的领域中表现突出。但同时专家系统也具有一定的局限性，主要包括知识获取困难、灵活性不足和缺乏自学习能力，开发成本高，以及对领域专家的依赖。这些因素限制了系统在处理新问题时的适应性，且知识库的质量直接影响决策效果，尤其在某些领域专家知识可能存在主观性或片面性。

6.2 新型的专家系统

随着人工智能技术的快速发展，专家系统也在不断进化和完善，涌现出许多新型的专家系统。这些新型专家系统不仅在推理机制、知识表示和知识获取等方面进行了改进，还结合了其他前沿技术，如深度学习、神经网络、多代理系统和大数据分析等，从而提升了系统的智能性、自适应性和扩展性。本节将探讨一些新型专家系统的特征、结构、技术基础及其典型应用，并分析它们的优势与挑战。

6.2.1 并行与分布式专家系统

传统的专家系统大多是集中式的，即所有的推理和决策过程都在单一计算节点上进行。然而，随着计算任务的复杂性增加，尤其在大规模实时数据处理中，单一的专家系统难以满足高效处理需求。为了提升处理效率和系统的可靠性，新型专家系统开始采用并行处理和分布式架构。

1. 并行专家系统

并行专家系统是指将专家系统的推理过程分解为多个可以同时执行的子任务，通过多处理器或多核系统进行并行计算。并行处理不仅可以显著加快推理速度，还可以提高系统的稳定性和可扩展性。例如，在医疗诊断中，系统可以同时分析不同的症状数据，进而加快诊断速度。

并行专家系统优化推理过程的方式如下。

（1）任务分解：推理任务被分解为多个可以并行执行的子任务。这些子任务可以是规则匹配、数据预处理、结果计算等。

（2）同步与协调：多个子任务并行执行后，系统需要一个机制来同步和协调各个子任务的结果，确保最终决策的正确性。

（3）负载平衡：为了避免某些处理节点过载，系统需要具备动态的负载平衡能力，将计算任务合理分配到各个处理器上。

2. 分布式专家系统

分布式专家系统是一种将推理任务分布在多个物理上分离的计算节点上运行的系统。每个节点可以负责不同的知识库、推理规则和数据处理任务，节点之间通过网络进行通信和协调。这种架构可以极大地提升系统的处理能力，特别是在分布式数据环境下（如互联网、物联网等）的应用中。

1）分布式专家系统的主要优点

（1）高效性：通过将推理过程分布到多个节点并行处理，可以显著提高系统的效率和处理能力，特别是在面对海量数据时表现突出。

（2）容错性：分布式架构提高了系统的容错性，当某些节点发生故障时，其他节点仍然可以继续执行推理任务，不会影响整个系统的正常运行。

（3）扩展性：分布式系统可以根据需求增加或减少计算节点，具有良好的可扩展性，适合应用在动态变化的环境中。

2）分布式专家系统的典型应用

（1）气象预报系统：气象数据的实时处理和预报需要大量的计算资源，分布式专家系统可以将气象数据分布到多个计算节点进行处理，每个节点负责不同区域的气象数据分析，从而加快预报速度和准确性。

（2）金融交易系统：金融市场数据具有高度的时效性和复杂性，分布式专家系统能够实时处理海量的交易数据，并作出快速的投资决策。

6.2.2 多代理专家系统

多代理专家系统是新型专家系统中的一大技术突破。传统的专家系统一般由一个单一的推理引擎进行决策，而多代理专家系统则由多个相对独立、自治的“代理”组成，每个代理可以独立完成某一部分任务，多个代理通过合作、协调来完成更复杂的决策任务。

1. 代理的概念与特点

代理是多代理系统中的基本单元，是能够自主行动的智能实体。每个代理具有独立的知识库、推理能力和交互接口，可以在不受其他代理干扰的情况下进行推理和决策。当某个代理遇到无法解决的问题时，它可以与其他代理进行通信，协作解决问题。

多代理专家系统具备以下特点。

（1）自治性：每个代理都具备自主推理和决策能力，能够根据自己的知识和目标独立完成任务。

（2）协作性：多个代理可以通过通信协议进行协作和信息共享，协同完成任务。协作过程包括任务分配、信息交换、冲突解决等。

（3）分布性：代理系统是分布式的，多个代理可以部署在不同的物理位置上，各个代理之间通过网络进行通信。

（4）灵活性和自适应性：由于代理系统的自主性和协作性，整个系统能够根据环境变化动态调整任务分配和决策策略，以提高系统的灵活性和自适应性。

2. 多代理专家系统的结构

（1）代理：每个代理具有独立的知识库、推理引擎和目标设定，能够根据外部输入数据进行推理并给出建议。

（2）通信协议：代理之间通过通信协议进行信息共享和任务协作。常见的通信协议包括基于消息传递的协议（如 FIPA 协议）和基于信号交换的协议。

（3）协调与调度机制：系统需要一个协调机制来调度各个代理的工作，确保任务分配合理，避免重复工作或资源浪费。

（4）全局目标与子目标：多代理系统通常设有全局目标，各个代理根据自己的子目标进行工作，并通过协作完成全局目标。

3. 多代理专家系统的应用

（1）智能交通系统：在城市交通管理中，每个交通信号灯可被看作一个独立的代理，它们根据当地的交通流量数据进行决策。而多个信号灯之间通过协作，可以优化整个城市的交通流动。

（2）电子商务系统：在电子商务环境中，每个代理可以代表不同的用户或商家进行交易谈判、推荐商品等，通过多个代理的协作，系统可以为用户提供个性化的推荐和服务。

6.2.3 自学习专家系统

传统的专家系统依赖预先定义的知识库和规则进行推理，这意味着系统的知识是静态的，无法根据新的数据和经验进行调整和更新。然而，随着机器学习技术的发展，新型专家系统开始具备自学习能力，它们可以通过不断获取新的数据进行自我优化和提升。这种自学习专家系统不仅可以显著提高推理的准确性，还可以适应变化的环境和复杂的现实场景。

1. 自学习专家系统的工作原理

自学习专家系统通过将机器学习算法引入专家系统的推理过程中，使系统能够自动发现新的规则或对现有规则进行优化。其基本工作原理如下。

（1）数据获取。系统通过传感器、用户输入、网络数据等多种方式不断获取新的数据。

（2）模型训练。系统使用机器学习算法（如决策树、神经网络、支持向量机等）对获取的数据进行训练，建立新的知识模型或优化已有模型。

（3）知识库更新。根据训练结果，系统会自动更新知识库，添加新的规则或修改已有规则。

（4）推理与反馈。系统在推理过程中根据新的知识库进行决策，并从用户或外部系统获取反馈，进一步调整和优化模型。

2. 常用的自学习算法

（1）监督学习。系统根据带标签的数据进行训练，学习输入与输出之间的映射关系。常用算法包括决策树、随机森林、支持向量机等。

（2）无监督学习。在无标签数据的情况下，系统通过无监督学习算法发现数据中的隐藏模式和结构。常用算法包括聚类分析、主成分分析等。

（3）强化学习。系统通过与环境的不断交互来学习最优决策策略。强化学习算法通常用于需要动态决策的场景，如机器人控制、自动驾驶等。

（4）深度学习。深度学习是一种多层神经网络模型，能够从海量数据中自动提取特征和模式，广泛应用于图像识别、语音处理和自然语言理解等领域。

3. 自学习专家系统的应用

（1）医疗诊断。传统的医疗专家系统依赖于固定的医学知识，而自学习专家系统可以通过分析大量患者数据，不断优化诊断规则，并发现新的疾病模式。这样的系统可以适应新发疾病或药物的使用情况，提升诊断的准确性。

（2）金融市场预测。金融市场的数据是动态变化的，自学习专家系统能够通过分析历史数据，不断调整预测模型，为投资者提供更准确的市场走势预测和投资建议。

6.2.4 基于神经网络的专家系统

神经网络技术的发展为专家系统带来了新的可能性。传统专家系统依赖规则库进行推理，而基于神经网络的专家系统则通过模拟人脑的神经元结构，实现了更灵活、更强大的学习和推理能力。

1. 神经网络与专家系统的结合

神经网络是一种模拟人类大脑神经元连接模式的计算模型，通过大量的训练数据，神经网络能够自动学习复杂的模式和关系。将神经网络引入专家系统的推理过程，可以增强系统的适应性和学习能力。具体来说，神经网络可以在以下方面提升专家系统的性能。

（1）自动学习：神经网络可以通过大量的历史数据自动学习专家系统所需的知识和规则，不需要人工手动编写复杂的规则集。

（2）处理非线性问题：传统专家系统在处理线性问题时表现良好，但面对复杂的非线性问题时，往往难以应对。而神经网络具备处理复杂非线性关系的能力，适合应用于医疗诊断、金融分析等领域。

（3）自适应性：神经网络具有良好的自适应性，它能够通过持续学习，不断优化模型，适应变化的环境和问题场景。

2. 神经网络专家系统的架构

（1）输入层。输入层负责接收外部输入的数据，如患者的症状、金融市场的指标等。

（2）隐含层。隐含层通过多层神经元的连接，提取输入数据中的特征和模式。隐含层的数量和神经元的数量决定了系统的学习能力和复杂性。

（3）输出层。输出层负责给出系统的决策或建议，如诊断结果、投资建议等。

3. 神经网络专家系统的应用

（1）医学诊断。基于神经网络的医学诊断专家系统可以通过分析大量患者的历史数据，自动学习疾病与症状之间的复杂关系，从而提供更准确的诊断结果。与此相比，传统的规则系统在处理复杂的医学数据时显得不如神经网络灵活和高效。

（2）图像识别。神经网络专家系统在图像识别领域表现尤为出色，特别是在医学影像分析中。系统可以通过学习大量的医学图像数据，自动识别图像中的病变部位，从而为医生提供辅助诊断建议。

6.2.5 大数据驱动的专家系统

随着大数据技术的快速发展，专家系统开始与大数据技术相结合，形成了大数据驱动的专家系统。这类系统能够从海量数据中提取有价值的信息，并结合专家系统的推理能力，提供更加精准的决策支持。

1. 大数据技术与专家系统的结合

大数据技术为专家系统提供了丰富的数据来源和强大的数据处理能力。通过对大数据的分析和挖掘，专家系统可以自动发现隐藏在数据中的模式和规律，并将其应用到推理过程中。大数据驱动的专家系统通常具备以下特点。

（1）数据驱动：系统的推理和决策过程基于大量的历史数据和实时数据，数据量越大，系统的决策质量越高。

（2）实时性：大数据技术能够处理实时数据，这使得专家系统能够根据最新的数据做出决策，特别适合应用在需要快速响应的领域，如金融交易、网络安全等。

（3）自动化：大数据驱动的专家系统能够自动从数据中提取规则和知识，减少了人工干预，提高了系统的自动化程度。

2. 典型应用

（1）精准医疗。在精准医疗领域，医生通过分析患者的基因组数据、病历数据等大量信息，可以为患者制订个性化的治疗方案。大数据驱动的专家系统可以自动从这些数据中发现最佳的治疗方案，并帮助医生进行决策。

（2）智能城市。在智能城市的建设中，大数据驱动的专家系统可以分析交通、能源、环境等多个方面的实时数据，为城市管理者提供优化建议，如交通流量控制、能耗管理等。

6.2.6 未来趋势与挑战

新型专家系统的出现为许多复杂问题的解决提供了新的思路和方法。然而，这些系统也面临着一些挑战，包括知识获取的难度、数据质量问题、隐私和安全问题等。

1. 技术融合与多学科交叉

未来的专家系统将更加注重与其他前沿技术的融合，如区块链技术、量子计算、物联网等。这些技术的结合将为专家系统提供更强大的计算能力和更广泛的应用场景。

2. 数据隐私与安全问题

随着大数据的广泛应用，数据隐私和安全问题成为专家系统发展中的一大挑战。如何在保证数据安全的同时，充分利用数据进行推理和决策，是未来专家系统需要解决的关键问题。

3. 知识获取与知识管理

虽然新型专家系统在知识获取方面取得了一定的进展，但知识获取仍然是系统开发中的一个难点。未来的专家系统需要更加智能化的知识获取和管理工具，以提升系统的自动化程度和知识库的质量。

4. 可解释性问题

随着专家系统的复杂性增加，确保系统的推理过程透明、可解释仍然是重要挑战。特别是在医疗、法律等领域，系统的可解释性对于提高用户的信任度至关重要。

6.3 专家系统的设计

为了设计一个有效的专家系统，开发者必须结合特定领域的知识，合理利用现有的技术和工具，并通过适当的设计流程确保系统的准确性、效率和可用性。在设计过程中，必须解决知识获取、知识表示、推理机制、系统性能和用户交互等一系列问题。本节将详细介绍专家系统的设计步骤、设计原则及其应用实例。

6.3.1 专家系统设计的基本步骤

设计一个专家系统的过程通常包含几个关键步骤，每个步骤都对系统的整体性能和功能有着深远的影响。以下是设计专家系统的基本流程。

1. 问题定义与领域分析

设计专家系统的第一步是明确要解决的问题，并进行详细的领域分析。系统的成功设计离不开对问题本质的深刻理解，包括问题的性质、复杂性、现有的解决方法和问题中涉及的关键概念。此步骤的主要任务是确定系统需要解决的核心问题以及专家系统的应用领域。对于不同的应用领域，如医疗诊断、机械故障诊断或金融风险分析，系统的设计会有很大不同。

（1）问题定义。明确专家系统要解决的具体问题，是否属于诊断、规划、设计、控制等类型。例如，针对医疗诊断，专家系统的目标是帮助医生诊断患者的疾病，而机械故障诊断系统则专注于发现设备故障的根本原因。

（2）领域分析。深入理解该领域的规则、事实、概念和知识来源，并明确领域内的标准操作规程。领域专家的参与对于确保知识的准确性和完整性至关重要。

2. 知识获取

知识获取是专家系统设计中的一个关键环节，指从领域专家或相关文献中提取专业知识，并将这些知识转换为计算机可处理的形式。知识获取的质量直接影响系统的性能。知识工程师通常负责从专家那里获取知识，并将其转换为系统可以利用的知识表示形式。

知识获取的常见方式包括以下三种。

（1）与领域专家的访谈。通过与专家的访谈，了解他们在解决问题时的思路和方法。这种方法适合复杂的领域，如医学诊断。

（2）文献和数据库分析。从现有文献、数据库中提取领域知识。这种方法适合领域知识相对成熟、规范化的领域，如金融分析和化学工程。

（3）自动化知识获取工具。通过自然语言处理技术，从文献或网络资源中自动获取知识。这种方式近年来随着机器学习技术的发展得到应用，但在某些领域可能仍然需要人工验证。

3. 知识表示

知识表示是将获取到的领域知识组织和结构化，使其在计算机中可操作。知识表示的形式多种多样，选择适当的表示方式有助于提升系统的推理效率和准确性。常见的知识表示方式包括规则表示、框架表示、语义网络和模糊逻辑等。

（1）规则表示：以“如果……那么……”的形式表示知识，适用于规则明确的领域，如“如果温度高于100℃且压力异常，则设备可能发生故障”。

（2）框架表示：以对象和属性的形式表示知识，适用于结构化的知识，如描述一个患者的健康状况可以通过“患者框架”表示，框架中包括“年龄”“性别”“症状”等属性。

（3）语义网络：通过节点和边表示概念及其之间的关系，适用于表示复杂的关联性知识，如在医学领域中，疾病、症状和治疗方法的关联性。

（4）模糊逻辑：适用于处理模糊或不确定性信息，如“温度可能较高”“患者可能患有某种疾病”的描述。

4. 推理机制设计

推理机制是专家系统的核心，决定了系统如何使用知识库中的知识进行推理和决策。推理机制的设计要考虑问题的性质、数据的可用性以及系统的性能要求。常见的推理方法包括前向推理、后向推理、基于案例的推理和基于规则的推理等。

（1）前向推理：从已知事实出发，逐步应用规则推导出新的结论。适用于从已知条件推导多个可能结果的情况，如工业故障诊断系统。

（2）后向推理：从目标结论出发，逆向查找支持该结论的规则。适用于目标明确的推理，如医疗诊断系统，系统从一个潜在疾病出发，查找支持该诊断的症状。

（3）基于案例的推理：通过与历史案例的匹配，找到最相似的解决方案。这种方法适合用于处理相似性较高的领域，如法律判例系统。

（4）基于规则的推理：依赖于预先定义的一组规则，通常以“如果……那么……”形式表示。这种方法通过匹配当前情况与规则前提部分来触发相应的推理过程，从而得出结论或采取行动。这种方式适合于结构化明确的领域，如业务流程自动化和专家系统中的决策支持。

5. 系统开发与测试

在完成知识获取、知识表示和推理机制设计后，接下来需要将这些组件集成到系统中。系统开发阶段包括编写代码、搭建推理引擎、实现用户界面等。在此阶段，开发团队通常会使用专家系统开发工具，如 CLIPS、Jess、Drools 等，这些工具提供了规则引擎和知识库管理的功能。

系统开发完成后，需要进行测试和验证。测试阶段分为两个层次。

（1）功能测试：验证系统是否按照预期执行了推理任务，知识库中的知识是否正确应用。

（2）性能测试：评估系统的响应时间、推理速度以及在大规模数据集上的表现。

6. 知识库维护与更新

专家系统的知识库并不是一成不变的，随着领域的发展，系统需要不断更新知识库中的知识，确保其保持最新、最有效的信息。因此，设计一个有效的知识库维护机制非常重要。这包括添加新规则、删除过时规则、调整现有规则等。专家系统的知识库可以通过手动或自动方式进行更新，自动化更新通常依赖于机器学习算法的引入，使系统能够在使用过程中自我学习和改进。

6.3.2 专家系统设计的原则

在设计专家系统时，有几个关键原则可以帮助开发者确保系统的成功和高效。

（1）以任务为导向：专家系统的设计应以任务为中心，系统的推理过程、知识库和用户交互都应围绕着系统要解决的具体问题展开。不要过于复杂化推理过程和知识库设计，保持任务的明确性。

（2）灵活性与可扩展性：专家系统的设计应具备灵活性，能够适应知识库的扩展和推理机制的改进。例如，在医疗诊断领域，随着新的疾病被发现或新的治疗方法被引入，系统应能够及时更新知识库。

（3）可解释性：专家系统的推理过程应是透明且可解释的。用户应该能够理解系统是如何得出某个结论的，特别是在医疗、法律等需要高度可信度的领域。这需要设计一个好的解释模块，让系统能够清晰地展示推理步骤和依据。

（4）高效性与性能优化：在处理大规模数据和复杂规则时，系统的推理速度和性能至关重要。开发者需要优化推理算法，确保系统能够在合理的时间内给出结果，特别是在实时决策场景中，如工业自动化和金融分析。

（5）用户友好性：设计直观、易于使用的用户界面，使用户能够轻松地输入问题、查看推理结果，并对系统做出反馈。用户友好性不仅仅指界面的美观，还包括系统的交互设计，使其适合领域专家或一般用户使用。

6.3.3 专家系统设计的实例

为了更好地理解专家系统设计的具体应用，下面通过两个实际的设计实例，详细介绍专家系统的设计流程和关键步骤。

1. 实例 1：医疗诊断专家系统设计

医疗诊断专家系统是专家系统技术的重要应用之一，其主要目的是帮助医生快速、准确地诊断患者的病情，特别是在面对复杂病例或不常见疾病时，专家系统可以作为医生的辅助工具。

（1）问题定义与领域分析。系统的任务是帮助医生诊断感染性疾病，特别是在抗生素使用过程中提供合理的建议。此系统专注于细菌感染的诊断，能够根据患者的症状、体征和实验室检测结果给出可能的诊断结论，并推荐适当的抗生素治疗方案。

（2）知识获取。知识获取主要通过与传染病专家的访谈进行，专家分享了他们在诊断细菌感染方面的经验和决策流程。系统还从医学文献和指南中获取了关于细菌感染的标准诊断流程和治疗方案。获取的知识包括不同类型细菌感染的症状、实验室检测的关键指标、抗生素的适应证和禁忌证等。

（3）知识表示。系统基于规则来构建知识库。举例说明如下。

规则 1：如果患者有发热症状且白细胞计数升高，且血培养结果显示革兰氏阴性菌，那么建议使用头孢类抗生素。

规则 2：如果患者对青霉素过敏，且细菌为革兰氏阳性球菌，则推荐使用万古霉素。

此外，系统还使用框架表示来描述患者的健康状况，每个患者都有一个独立的“患者框架”，包含“年龄”“性别”“症状”“实验室检测结果”等属性。

（4）推理机制设计。该系统主要使用后向推理来推导患者可能的感染类型和治疗方案。系统从潜在的疾病列表开始，通过验证患者的症状和实验室检测结果，逐步缩小可能的感染类型范围，最终给出诊断建议。

（5）系统开发与测试。系统开发使用了 CLIPS 作为推理引擎，知识库中的规则由专家和知识工程师共同定义。开发完成后，系统在医院的实际临床环境中进行了测试，医生使用系统对 100 例细菌感染病例进行了诊断，系统的诊断准确率达到了 90%，并且有效地缩短了医生的决策时间。

（6）知识库维护与更新。随着新的抗生素和治疗方案的引入，系统的知识库需要定期更新。系统集成了一个知识库编辑器，使专家可以手动更新和添加新的规则。此外，系统还通过与电子病历系统的整合，自动收集诊断数据，帮助优化现有规则。

2. 实例 2：机械故障诊断专家系统设计

机械故障诊断专家系统用于帮助工程师检测和诊断复杂机械设备的故障。该系统特别适合应用于工业生产中的关键设备，如发电机、涡轮机等。

（1）问题定义与领域分析。该系统的任务是对发电机组的常见故障进行诊断，提供故障原因分析并给出维修建议。系统应能够检测设备运行过程中的各种异常信号，如震动、温度、压力等，并在故障发生时快速定位问题。

（2）知识获取。知识获取通过与经验丰富的设备维护工程师合作进行，他们提供了关于发电机组常见故障的具体描述以及诊断思路。系统还收集了历史故障数据，包括设备故障的类型、发生的症状、传感器的测量数据等。

（3）知识表示。系统采用基于规则和基于案例的知识表示方法。通过规则来定义具体故障的诊断步骤。举例说明如下。

规则 1：如果发电机震动频率大于 50Hz，且轴承温度超过 100℃，则可能存在轴承损坏。

规则 2：如果发电机输出电压不稳定且转速波动，则可能存在电控系统故障。

通过基于案例的知识表示，系统能够根据过去的故障记录和案例，快速匹配当前故障情况并给出建议。

（4）推理机制设计。系统使用前向推理和基于案例的推理相结合的方式。前向推理通过传感器数据逐步推导出设备的可能故障，基于案例的推理则通过与历史案例匹配找到最相似的解决方案。

（5）系统开发与测试。系统开发使用 Drools 规则引擎。经过多个发电站的测试，系统在诊断常见故障时表现出了高效性和准确性。在一个测试案例中，系统在 30 秒内检测出发电机轴承存在异常并给出了维护建议，避免了设备的进一步损坏。

（6）知识库维护与更新。系统可以从设备运行的实时数据中自动更新知识库，随着时间的推移，系统可以不断积累新的故障案例，并根据这些案例调整推理规则。

6.4 专家系统的主要开发工具

专家系统的开发工具帮助构建基于计算机的智能系统，以模仿人类专家的决策过程。专家系统开发工具按照其功能和应用场景可分为四大类：骨架型工具、语言型工具、构造辅助工具和支撑环境。每种类型的工具都在特定的应用中发挥了重要作用，下面将从工具的原理、特性和实际应用等方面进行详细阐述。

6.4.1 骨架型工具

1. 骨架型工具的原理与特点

骨架型工具是最早用于开发专家系统的工具之一，它将知识库和推理机分离。推理机通常独立于具体的求解领域，仅依赖于规则集的变化。骨架型工具的关键特点是通过保留推理结构的核心功能，让用户可以仅添加领域知识和规则，而无须从零开始构建专家系统。这种工具的另一个显著特点是高复用性，它可以将某些已有的专家系统核心功能进行重用。举例来说，推理机部分保留，而将与特定问题领域相关的规则移除，使得新的领域知识和规则能够无缝集成。

2. 骨架型工具的代表与实例

骨架型工具的经典代表有 EMYCIN、KAS 和 EXPERT 等。

1）EMYCIN

EMYCIN 是 Mycin 专家系统的扩展版本，用于帮助医疗领域的细菌感染诊断。由于其推理逻辑设计得当，EMYCIN 成为可适应多个领域的专家系统开发骨架。用户在医疗诊断之外的领域（如农业、地质学）可以利用 EMYCIN，通过修改规则集来实现新的知识表达。

2）KAS

KAS 是一种更加通用的骨架型工具，适用于多个专家系统的设计。它通过框架将不同领域的知识进行结构化，以便在系统的各模块中灵活调用。KAS 应用于管理和工程领域时表现出色，因为它能够有效地处理复杂的知识表示和推理机制。

3）EXPERT

EXPERT 是另一种广泛使用的骨架型工具，尤其适用于商业和金融等需要稳定推理能力的领域。例如，在财务分析中，可以使用 EXPERT 来构建规则库以判断和推理投资风险。EXPERT 的灵活性和高效性使其在金融行业被广泛采用。

6.4.2 语言型工具

1. 语言型工具的原理与特点

语言型工具是一种编程语言，为专家系统开发提供基本机制，如知识表示、推理和控制策略等。与骨架型工具不同，语言型工具的控制策略和结构更加灵活，能够根据用户需求进行广泛调整。用户可以通过配置规则库或调整推理机制，使系统在不同任务中达到最佳性能。

2. 语言型工具的代表与实例

语言型工具的设计目的是增强表达能力和通用性。典型的语言型工具包括 OPS5、RLL、PROLOG 和 LISP 等，这些工具在编程语言的基础上集成了专家系统开发所需的特性。

1）OPS5

OPS5 是一种基于规则的专家系统语言，它提供了一种特殊的规则表示语法，适合构建推理复杂的专家系统。灵活的语法和强大的推理能力使得 OPS5 在工业控制和流程自动化方面广泛应用。例如，OPS5 在汽车制造行业被用来构建生产线监控系统，通过定义规则来检测生产过程中的异常情况，确保工厂的稳定运营。

2）RLL

RLL（rule-based language）是一种类似 OPS5 的规则语言工具，专注于在控制和管理系统中的应用。RLL 在管理决策支持系统中被广泛使用。例如，RLL 曾被用于开发一个大型企业的决策支持系统，通过结合数据分析和规则推理来帮助企业管理决策，极大提高了工作效率。

3）PROLOG

PROLOG 是一种逻辑编程语言，通常用于人工智能和计算机科学领域。它特别适合于表达复杂的关系和推理过程，适用于需要高度灵活的规则系统。例如，PROLOG 在医学诊断专家系统中被用来定义疾病与症状之间的关系，通过推理得出可能的诊断结论。此外，PROLOG 还被广泛用于自然语言处理和知识表达系统的开发。

4）LISP

LISP 是一种古老而强大的编程语言，拥有丰富的符号处理能力。由于 LISP 天生的递归特性和灵活的数据结构，成为人工智能和专家系统的首选语言之一。LISP 广泛应用于智能机器人系统的控制，例如，LISP 被用于开发一个智能物流系统的调度控制系统，使得机器人能够根据仓库的实时情况自动调度和分配任务。

6.4.3 构造辅助工具

1. 构造辅助工具的原理与特点

构造辅助工具并不是一个独立的系统，而是一种支持性开发工具。它由多个模块组成，用于帮助用户设计专家系统结构、获取领域知识，并提供调试支持等功能。构造辅助工具在整个专家系统的开发周期中提供了强大的辅助功能，使开发者能够轻松管理知识库，优化系统结构。

构造辅助工具可以分为两类：设计辅助工具和知识获取辅助工具。设计辅助工具的功能是帮助开发者建立专家系统的整体架构，优化设计流程；而知识获取辅助工具则侧重于从专家那里获取知识并将其形式化，使之适合计算机表示。

2. 构造辅助工具的代表与实例

1）AGE

AGE（automated generalization engine）是一种典型的设计辅助工具，能够帮助开发者从领域专家那里提取知识，并将其自动整理成规则。AGE 系统被广泛应用于管理咨询和教育领域。例如，在教育系统的专家系统设计中，AGE 可以根据教师的教学经验生成有效的教学策略，并将其转化为系统的知识库，从而实现智能教育辅助系统的开发。

2）TEIRESIAS

TEIRESIAS 是一种用于知识获取的辅助工具，它可以在知识获取过程中与专家进行互动，确保知识的准确性和一致性。TEIRESIAS 的优势在于其内置的交互界面，使得知识获取过程更加直观。它在医疗诊断系统中得到了广泛应用，通过与医生的互动获取医学知识并生成相应的推理规则，从而提高了医疗诊断专家系统的准确性。

3）KEE

KEE（knowledge engineering environment）是构造辅助工具，侧重于专家系统的结构化设计。它在财务预测和市场分析领域应用广泛。例如，KEE 可以用来构建一个金融预测系统，通过收集专家对经济指标的分析，生成规则库，以帮助预测未来市场走势。

6.4.4 支撑环境

1. 支撑环境的原理与特点

支撑环境是一种结合了开发、测试和维护等功能的工具集合，常用于复杂专家系统的构建中。它提供了知识库编辑、调试、输入输出管理等一系列工具，以简化专家系统的开发流程。支撑环境使专家系统的开发更加标准化，并提供了更为友好的用户界面，使得系统设计和维护变得更加方便。

支撑环境不仅包括知识库的编辑和维护，还可以提供数据管理和解释功能，以便在推理过程中跟踪系统的思维流程。

2. 支撑环境的代表与实例

1）ACME

ACME 是一种支撑环境，能够为专家系统提供输入输出设施、调试辅助工具和知识库编辑器。ACME 常用于科学研究领域的专家系统开发。例如，在化学反应建模系统中，ACME 可以帮助科学家建立和调试化学反应模型，提供化学反应的预测和解释，显著提高实验效率。

2）CLIPS

CLIPS 是一种在 C 语言基础上开发的支撑环境，广泛应用于教育、科学、工程等多个领域。它提供了简单易用的界面和丰富的推理功能。例如，在农业专家系统中，CLIPS 被用来帮助农民制订最佳的种植方案，推断土壤和气候条件对作物生长的影响，从而提高产量。

3）EXSYS

EXSYS 是一种集成性较强的支撑环境工具，适用于商业和工业环境下的专家系统开发。EXSYS 在工程和医疗设备的故障诊断系统中有着良好的应用。例如，EXSYS 可以帮助工程师开发一个诊断系统，通过规则库判断设备的故障原因，并提供相应的维修建议。EXSYS 的高度集成性使其能够在多个业务场景中快速部署和应用。

6.4.5 专家系统开发工具的选择与应用案例

1. 工具选择的影响因素

选择专家系统开发工具时，需要综合考虑多种因素，包括系统的复杂性、应用领域、开发者的技能以及系统的性能需求。以下是选择工具时需要关注的几个关键因素。

（1）系统需求：如果系统需要频繁更新知识库并在多个领域应用，选择语言型工具（如 PROLOG、OPS5 等）可能更为合适；而对于要求高稳定性和效率的系统，支撑环境（如 CLIPS 或 EXSYS）更为适合。

（2）领域特性：在处理结构化知识的领域中，骨架型工具具有较高的复用性；而对于不断变化的复杂系统，语言型工具和构造辅助工具的灵活性尤为重要。

（3）用户交互需求：构造辅助工具（如 TEIRESIAS）和支撑环境中的 ACME 更加注重人机交互的便捷性，适合需要频繁调整和优化的系统。

2. 应用案例

1）农业专家系统的设计与应用

农业专家系统旨在为农民提供种植方案、病虫害防治等方面的支持。以 CLIPS 为开发环境，系统通过整合农作物生长的相关数据以及专家的经验，形成一套完备的农业生产建议。例如，系统可以根据土壤质量、气候数据推荐最佳的作物品种并提出施肥建议，极大提高了农业生产效率。

2）医疗诊断专家系统

医疗诊断系统通常使用语言型工具（如 PROLOG）或构造辅助工具（如 TEIRESIAS），以便实现高度灵活的推理和知识获取。一个经典案例是使用 PROLOG 开发的心血管疾病诊断系统，通过规则库分析患者的症状和体征，推导可能的疾病，并提出进一步的检查建议，提高了诊断的精确度。

3）财务分析专家系统

财务分析专家系统通常选用支撑环境 EXSYS 或骨架型工具 KAS 来设计，能够分析市场数据和财务指标，生成投资建议。EXSYS 的调试功能能够帮助分析师构建规则库并优化推理过程，广泛应用于风险评估和投资决策。

第7章 知识发现

7.1 知识发现的定义和数据

7.1.1 知识发现的定义

人们很早就意识到数据中蕴含着大量的潜在信息，但如何有效地提取和利用这些信息当时是一个挑战。随着人工智能技术的不断发展，数据量呈爆炸式增长，从这些海量数据中发现有价值的知识变得愈发迫切。知识发现（knowledge discovery in database，KDD）的概念正是在这样的背景下逐渐形成的。它源于对数据的深入理解和对知识的不断追求，是从各种信息中根据不同的需求获得知识的过程。

知识发现是从大量数据中辨识出有效的、新颖的、潜在可用的并可被理解的模式的高级处理过程。知识发现的目的是从大量数据中提取有价值的信息和模式，帮助人们更好地理解数据背后的规律，支持科学决策和业务优化。在信息化和数字化不断发展的今天，企业和组织积累了庞大的数据资源，但这些原始数据本身并不能直接被视为知识。通过知识发现，可以将这些数据转化为实际可用的信息和洞察，为企业的发展提供依据。

7.1.2 知识发现中的数据

知识发现的首要原材料就是数据。数据通常是关于事实的集合，涵盖了企业运营、客户行为、设备运行等各种各样的领域。例如，在电子商务领域，用户的购物历史、点击记录等都属于数据。随着数据存储技术和计算能力的提升，企业和组织能够存储和管理前所未有的海量数据，这为知识发现提供了丰富的原材料。然而，这些原始数据本身并不能直接被视为有用的知识。知识发现的任务就是从原始数据中提取出有价值的信息和模式，帮助人们更好地理解数据所蕴含的规律。

社会面数据具有显著的多样性，来源广泛，既包括结构化数据（如数据库中的表格数据），也包括非结构化数据（如文本、图像、视频等）。例如，客户交易记录是标准的结构化数据，而社交媒体评论、产品图片等则属于非结构化数据。这些不同形式的数据使得知识发现需要针对数据类型采取不同的处理策略。结构化数据通常可以通过传统的分析手段进行处理，但非结构化数据则需要借助自然语言处理、图像识别等技术才能提取有效信息。数据的多样性使得知识发现不仅是简单的模式识别任务，更需要一种系统化的分析方法，以涵盖不同数据格式之间的差异和联系。

此外，数据的复杂性也是知识发现面临的一大挑战。海量数据往往伴随着数据的复杂性，例如存在噪声、不完整性、冗余等问题，可能包含异常值、缺失值，甚至存在逻辑矛盾的数据。处理这些数据需要一系列的预处理操作，包括清洗、去重、修复缺失值、标准化等，以提高数据的质量，为后续的分析奠定基础。预处理是知识发现的必要步骤，不仅有助于提升模型的准确性，也能提高分析的效率。数据转换是将多维、多源数据转化为适合挖掘分析的格式的重要过程，例如，对数据进行归一化、离散化处理等，使其能够适配特定的分析算法。复杂的数据处理工作对于知识发现系统至关重要，因为它直接决定了系统能否在杂乱无章的原始数据中识别出真正的模式和规律。

7.2 知识发现的发展过程

7.2.1 知识发现的起源

知识发现的概念产生于人工智能研究项目重新定位的背景之下。20 世纪 80 年代，人工智能研究进入了一个较为低谷的时期，多个大型人工智能项目因技术瓶颈和不切实际的目标而宣告失败，这些项目的失败让学术界和工业界对人工智能的发展产生了广泛的质疑。在这种情况下，研究重心逐渐从理论探索转向了实用化的应用。

人工智能重新定位与数据驱动的实际需求，在大量人工智能项目失败后，学术界开始重新审视数据的价值，并希望通过有效的分析方法从数据中提取有用的信息。随着计算机存储和处理能力的不断提高，大量数据的积累为知识发现的产生提供了基础。同时，数据库管理系统的广泛应用使得对数据进行高效管理成为可能，这为从数据中提取知识提供了现实条件。

在这种背景下，数据驱动的知识发现成为新的研究热点。知识发现被认为是一种有效的方法，可以从数据库中自动提取有用的模式和规律，以支持决策和优化过程。

7.2.2 知识发现的正式提出

1989 年，第一次关于数据挖掘与知识发现的研讨会在美国底特律召开，这是知识发现发展史上一个重要的里程碑。在这次会议上，首次提出了“知识发现”这一概念，标志着知识发现作为一个独立的研究方向正式进入学术领域。

这次会议汇聚了来自不同学科的研究人员，包括数据库、机器学习、人工智能、统计学等领域的专家。会议的核心议题是如何从海量数据中提取出对用户有用的知识，如何让数据从被动存储转化为主动信息。这种跨学科的讨论促成了知识发现概念的形成，并促使研究者们开始将注意力集中在如何有效挖掘数据中的潜在价值上。

通过这次会议，“知识发现”不仅被明确命名，同时其研究的核心思想——从海量数据中自动提取出有意义的信息，也得到了广泛的认可与传播。这是数据挖掘和知识发现走向独立学科发展的重要开始。

7.2.3 知识发现的系统化

1995 年，加拿大召开了第一届知识发现和数据挖掘国际学术会议，这是知识发现领域又一个关键性的发展节点。此次会议标志着知识发现和数据挖掘从概念提出进入了系统化研究阶段，并成为独立的研究主题。

本次会议上，研究者们对知识发现做出了更加明确和科学的定义。知识发现被定义为从大量数据中发现有效、潜在有用且易于理解的模式的过程。与此前单纯的统计分析不同，知识发现包括数据的选择、预处理、变换、挖掘以及知识评价等多个阶段，形成了一个系统化的流程。

此次会议不仅帮助学术界统一了对知识发现的理解，还促进了数据挖掘技术的研究和应用。知识发现和数据挖掘逐渐发展为一个独立的跨学科领域，结合了数据库管理、人工智能、机器学习、统计学等多种技术和方法。

7.2.4 热点研究的兴起

从 20 世纪 90 年代中期开始，知识发现和数据挖掘成为研究的热点和焦点。随着互联网的发展和数据量的急剧增加，传统的数据管理和分析方法已无法有效处理大规模数据，而知识发现技术能够自动化地从数据中提取模式和知识，为企业决策提供支持，因而受到了广泛关注。

90 年代后期，知识发现逐渐成为学术界、工业界关注的焦点，广泛应用于金融、医疗、电子商务等多个领域。例如，银行通过数据挖掘预测客户的信用风险，医院利用知识发现技术从患者病历中提取有助于诊断的信息，互联网行业也开始大规模应用数据挖掘来进行个性化推荐和用户行为分析。

7.3 知识发现的步骤

整个知识发现过程可以分为三个主要步骤：数据选择与数据预处理、数据变换与数据挖掘、知识评价。这三个步骤可以细分为具体的处理阶段，形成一个闭环的多阶段模型。

7.3.1 数据选择与数据预处理

数据选择是知识发现过程的第一个关键步骤，其目的是从原始数据中提取与用户需求相关的数据。数据库中存储的数据量庞大，包含了大量的事实与信息。然而，不是所有的数据都适用于当前的知识发现任务。因此，数据选择的任务是通过过滤、筛选，将那些符合知识发现目标的相关数据提取出来。

在数据选择完成后，接下来就是数据预处理。预处理的核心是对选择后的数据进行再加工，确保数据的完整性和一致性。这一步骤非常重要，因为原始数据通常存在缺失值、噪声、不一致等问题，如果不加以处理，将会严重影响后续的数据挖掘结果。

数据预处理主要包含以下操作。

（1）数据清理：删除数据中的冗余项、噪声和异常值。噪声数据可能会干扰模式的提取，因此需要在此步骤中进行纠正或删除。

（2）缺失值处理：现实中的数据往往存在缺失值。在预处理中，常使用统计方法或插值技术来填补缺失的数据。例如，某个记录中缺失的客户年龄信息，可以通过计算其他客户的平均年龄来填补。

（3）数据一致性检查：确保数据的格式和标准一致。例如，如果数据来自多个数据库系统，可能存在不同的数据编码和表示方式。在预处理中，需要对这些差异进行处理和统一，确保后续步骤使用的数据是可互操作的。

7.3.2 数据变换与数据挖掘

数据变换是指将预处理后的数据转换为适合挖掘算法处理的格式。其主要目的是通过数据的规范化和格式转换，使数据更简洁，同时确保挖掘过程的高效性。通过数据变换，复杂的数据可以被简化为更容易挖掘和分析的形式。

数据变换包括以下常见技术。

（1）数据归一化：将不同维度的数据调整到同一尺度上，例如，将年龄、收入等数值归一化为 0 到 1 的范围，以避免某些特征在挖掘过程中占据主导地位。

（2）数据离散化：将连续数值型数据划分为若干离散区间。例如，将顾客年龄划分为“18～25”“26～35”“36～45”等不同区间，从而在数据挖掘中更加便于模式的识别。

（3）特征选择和特征提取：选择那些对任务有用的特征，排除冗余的、无关的特征，并提取新的特征。例如，在客户分类任务中，可以选择客户的年龄、收入等关键特征，而去除一些不重要的特征。

接下来是知识发现过程的核心步骤：数据挖掘。在这一阶段，系统根据用户的需求，选择适当的挖掘算法，提取数据中的潜在模式和知识。数据挖掘的目标通常根据用户的实际问题来决定，如分类、聚类、关联规则挖掘等。

数据挖掘任务包括以下常见任务。

（1）分类：将数据对象分配到预定义的类别中。例如，银行可以使用分类算法来评估贷款申请者的信用风险。

（2）聚类：根据数据对象的相似性将其划分为不同的组。这在市场细分、用户行为分析等领域应用广泛。

（3）关联规则分析：用于发现数据集中不同项之间的关联性。例如，在零售业中，可以挖掘出哪些商品经常被一同购买，以帮助制订捆绑销售策略。

（4）异常检测：识别出数据中的异常行为或异常模式，例如，用于网络安全任务中的入侵检测等。

数据挖掘是整个知识发现过程的核心步骤，它直接决定了最终提取的模式是否有用和有效。

7.3.3 知识评价

在完成数据挖掘之后，需要对所挖掘出的模式和规则进行评价。这一阶段的主要任务是评估挖掘出的模式是否具有实际的应用价值。知识评价的目标是确保模式的准确性、可解释性和实际效用，通常会使用测试集、交叉验证等方法来验证模式的性能。

评价标准包括模式的准确性、稳定性和解释性。

（1）准确性：挖掘出的模式在实际应用中的准确率，是否能够满足决策需求。例如，在分类任务中，模型的准确性往往通过其在测试数据上的表现来衡量。

（2）稳定性：模式在不同数据集上的表现是否稳定。高稳定性意味着该模式可以推广应用到不同的数据场景中。

（3）解释性：模式是否易于人类理解，尤其是对于非技术用户，模式的可解释性尤为重要。可解释的模式能够帮助决策者更加直观地应用这些知识。

如果知识评价表明模式不够稳定或有效，系统可以返回前面的步骤重新进行处理。通过这一循环反复的过程，确保了最终提取的知识是高质量的。

7.4 知识发现的方法

在知识发现的过程中，使用了多种方法来处理不同类型的数据，以提取有用的信息和知识。这些方法可以分为多种不同的技术范畴。每种方法都有其独特的应用场景，帮助处理复杂的模式识别、分类、聚类、预测等任务。

7.4.1 基于贝叶斯的知识发现

贝叶斯方法是一种以概率为核心的推断方法，基于托马斯·贝叶斯提出的贝叶斯定理，能够动态地结合先验知识和新数据进行推理。贝叶斯方法的核心理念是将概率视为主观信念的度量，而不仅仅是频率。在这种方法中，先验分布反映了在观察数据之前对参数的初始认知，通过结合观测数据的似然函数，利用贝叶斯定理更新为后验分布，从而对未知参数进行推断。贝叶斯定理的表达形式为

$$P(A|B)=\frac{P(B|A)\cdot P(A)}{P(B)} \tag{7-1}$$

其中，$P(A|B)$是在事件B已经发生的条件下，事件A的后验概率；$P(B|A)$是在事件A发生的条件下，事件B的概率；$P(A)$是事件A的先验概率，反映了在观察数据之前对参数的已有认知；$P(B)$是边际概率，即事件B的总体发生概率，是一个归一化常数。

贝叶斯方法的显著特征在于引入先验知识并能够动态更新。与传统的频率学派统计方法不同，贝叶斯方法允许在推断中引入专家经验或历史数据，通过先验分布体现对问题的理解。当新数据不断获取时，后验分布可以作为新的先验，进一步更新认知。这种动态更新能力使得贝叶斯方法在复杂系统分析中具有独特的优势。此外，贝叶斯统计关注的是全概率分布，而不仅仅是单点估计，从而能够全面刻画不确定性，这在决策分析中尤为重要。

贝叶斯方法以其强大的不确定性处理能力和动态更新特性，在知识发现领域中得到了广泛应用。其核心思想是通过结合先验知识和观测数据，根据贝叶斯定理动态更新对事件或关系的认知使贝叶斯方法特别适用于处理复杂数据和揭示潜在模式。

在模式识别与分类任务中，朴素贝叶斯分类器是一种经典的应用，例如，在垃圾邮件检测和文本分类中，通过计算每种类别的后验概率预测所属类别。在因果关系推断中，贝叶斯网络作为一种基于图模型的工具，能够有效描述和推断变量之间的条件概率关系，从而发现因果结构。

7.4.2 基于决策树的知识发现

决策树是一种应用于分类和预测的常用方法。它通过一系列的条件判断来对数据进行分类，最终形成一棵树结构。每个内部节点代表一个条件判断，叶节点代表分类结果。决策树示例如图 7-1 所示。

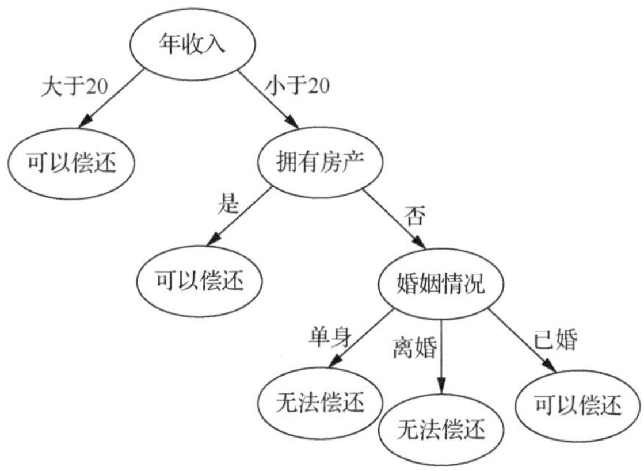

图 7-1 决策树示例

决策树具有多方面的显著优点。首先，它具有出色的直观性。如图 7-1 所示，决策树以一种树形结构呈现了判断逻辑，从顶端的年收入开始，依据不同条件逐步向下分支，每一个节点和分支都清晰地展示了判断过程，无论是专业人员还是非专业人员都能轻松理解其内在逻辑。其次，决策树在数据处理方面极为灵活。它能够同时处理像图中的年收入这种数值型数据和拥有房产、婚姻情况这类类别型数据，无须对数据进行复杂的预处理操作，这大大降低了数据处理的难度。再者，决策树对缺失值具有一定的容忍度。在实际数据中，可能存在部分数据缺失的情况，但决策树在构建过程中能够利用其他相关特征进行判断，不会因为个别数据缺失而无法运行。

决策树的可解释性非常强。从图中可以明确地看到每一个判断步骤的依据。例如，根据年收入大小、是否拥有房产以及婚姻状况来判断是否能够偿还。这种可解释性在许多对决策过程要求严格解释的领域，如金融和信贷行业，是至关重要的。决策树能够较为容易地处理多输出问题。尽管图中只是展示了一个简单的二分类问题，但如果需要扩展到更多分类或者多个输出的情况，决策树可以通过合理地增加节点和分支来实现相应的功能。

在知识发现过程中，决策树的另一个重要应用是规则提取。通过分析决策树的路径，可以将其转换为一组简单的决策规则，这些规则可以直接用于专家系统或业务决策支持。例如，在金融风控中，决策树模型可以生成明确的规则来判断贷款申请是否存在风险，帮助决策者快速做出判断。尽管决策树在知识发现中具有显著的优势，但它也存在一定的局限性，例如，容易对数据中的噪声过拟合，导致模型的泛化能力下降。为了解决这些问题，可以通过剪枝技术、限制树的深度或结合集成学习方法来提高模型的性能。

7.4.3 基于遗传算法的知识发现

遗传算法是一种模仿生物进化的计算方法，通过选择、交叉和变异等遗传操作，迭代寻找近似最优解。遗传算法通常用于优化问题，通过从一个初始解集合开始，经过多个代的繁殖和评估，逐步收敛到近似最优解。该方法在分类和特征选择等任务中表现良好。遗传算法过程如图 7-2 所示。

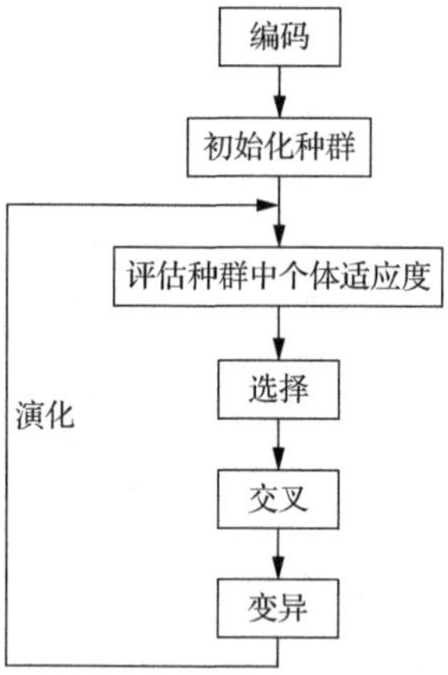

图 7-2 遗传算法过程

考虑一个简化的遗传算法模型，算法的目标是最大化适应度函数。其适应度函数 $f(\boldsymbol{x})$ 用于评估每个个体的性能，其中 $\boldsymbol{x}$ 是一个编码了个体特征的向量。遗传算法的一次迭代可以表示为以下步骤。

（1）选择：个体被选择用于繁殖的概率与其适应度成正比。如果设 p_i 是第 i 个个体被选择的概率，则

$$p_i=\frac{f(\boldsymbol{x}_i)}{\sum_{j=1}^{N}f(\boldsymbol{x}_j)} \tag{7-2}$$

其中，$f(\boldsymbol{x}_i)$ 是第 i 个个体的适应度；N 是种群中个体的总数。

（2）交叉：选择的个体通过交叉操作生成新的后代。如果交叉点为 k，并且考虑两个个体 $\boldsymbol{x}_i$ 和 $\boldsymbol{x}_j$，后代 x_{new} 可以表示为

$$x_{\text{new}}=(x_{i1},x_{i2},\cdots,x_{ik},x_{j(k+1)},\cdots,x_{jn}) \tag{7-3}$$

（3）变异操作模拟基因突变，通过随机修改染色体的基因值增加种群多样性。对于二进制编码，变异公式为

$$\boldsymbol{x}_i' = \begin{cases} 1, & \text{若}\boldsymbol{x}_i = 0\text{且变异发生} \\ 0, & \text{若}\boldsymbol{x}_i = 1\text{且变异发生} \\ \boldsymbol{x}_i, & \text{否则} \end{cases} \tag{7-4}$$

对于实数编码，变异通常为在基因值上加入随机扰动：

$$\boldsymbol{x}_i' = \boldsymbol{x}_i + \varepsilon \tag{7-5}$$

其中，ε为服从某种分布（如正态分布或均匀分布）的随机数。

通过不断重复这些步骤，遗传算法在多代迭代后能够逐步改进解决方案的质量，接近最优解。在多代中，适应度函数总体上趋于提高，表明算法在解决具体问题上的有效性。

在数据挖掘中，遗传算法常被用于特征选择、分类规则生成和聚类分析。例如，在特征选择中，遗传算法通过编码特征子集并对其进行优化搜索，能够自动选择最优特征组合，显著提升模型的预测精度和效率。在分类任务中，遗传算法可以生成高效的分类规则，通过评估规则的适应度，筛选出准确性和覆盖率较高的规则集，从而实现知识的提取和模式识别。在聚类分析中，遗传算法通过对解的种群进行演化，可以自动优化聚类中心的位置和数量，帮助识别数据中的自然簇，提高聚类的准确性和稳定性。

总体而言，遗传算法以其强大的搜索能力和灵活性，在知识发现中的特征选择、模式识别、优化和聚类等任务中发挥了重要作用。它能够帮助发现数据中隐藏的知识和复杂关系，为解决实际问题提供了有力的支持。随着计算能力的提升和混合算法的发展，遗传算法在知识发现中的应用前景将更加广阔。

第 8 章 机器学习

8.1 机器学习的定义和发展史

8.1.1 机器学习的定义

机器学习（machine learning，ML）是一门研究如何让计算机通过模拟人类学习行为来提升系统性能的学科。其核心在于利用数据经验来进行模型构建和优化，从而使计算机能够在遇到新情况时进行准确决策。我们在日常生活中常通过过去的经验做出判断，例如，观察植物的颜色和形状来推测它是否成熟，或是根据天气变化预测明天的天气。这些判断能力源于我们的经验积累，而机器学习则通过算法让计算机从数据中生成模型，从而做出类似的推断。

机器学习的过程依赖于学习算法，这些算法使得计算机能够基于输入数据建立模型，在遇到新情况时进行相应的决策。通过机器学习，计算机能够像人类一样从经验中学习，进而在各种应用场景中实现自动化和智能化。

8.1.2 机器学习的原理

机器学习是一种基于经验和反馈的信息处理与控制过程，其原理如图 8-1 所示。

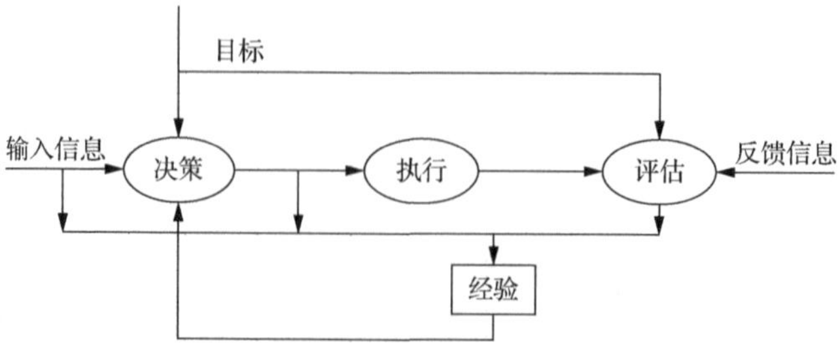

图 8-1 机器学习原理

在机器学习中，输入信息指的是系统在执行任务时接收到的数据；反馈信息则是系统对这些输入信息的反馈；而执行是指根据反馈信息采取相应的行动。机器学习的基本流程如下：首先，系统根据目标和已有经验对输入信息做出决策并执行相应动作；接着，对任务的完成情况进行评估；最后，将输入、反馈及评估结果存储为经验。从第二次决策开始，系统便逐步积累经验，随着经验的丰富，性能也不断提升。

机器学习方式类似于人类的学习过程，通过交互和记忆来逐步改进。但是记忆学习存在缺陷：经验的积累可能速度较慢，因此系统性能的提升也较为缓慢；单纯依靠经验积累的改进有限，有时甚至可能不可靠。为了增强学习效果，需要从经验中提取规律，并利用这些规律指导系统的行为。完整的学习过程可以分为三个部分：经验积累、知识生成和知识运用。学习模式与人类和动物的技能训练相似，如骑自行车、驾驶和游泳等，都是通过这种方式掌握技能。因此类似的学习方法也适用于机器的技能训练。

8.1.3 机器学习的发展史

“机器学习”的发展并不是一帆风顺的，其起源可以追溯到20世纪中期。1949年，Donald Hebb提出的赫布理论阐明了学习过程中大脑神经元的变化，对神经网络模型的提出具有启发性。1952年，Arthur Samuel开发了一款西洋跳棋程序，使机器能够通过经验观察棋子移动并构建模型以提高棋艺。1957年，Frank Rosenblatt发明了感知器模型，这是人工神经网络的早期算法之一。两年后，Widrow和Hoff提出了Delta学习规则，该规则提升了线性分类的精确度。然而，1969年，Marvin Minsky和Seymour Papert指出感知器在处理线性不可分问题时的局限性，导致机器学习研究进入瓶颈期。

20世纪70年代反向传播（backpropagation，BP）算法被提出，1986年此方法被David Rumelhart等系统化阐述后获得广泛关注，为机器学习带来了新的希望。BP算法使多层神经网络的训练成为可能，即便在当时仍属于浅层模型范畴。20世纪90年代，浅层学习经过发展迎来了一个较为繁荣的时期，各种模型在实际应用中取得了成功。

进入21世纪，随着数据收集和计算能力的提升，机器学习在大数据的支持下迎来了深度学习的新时代。2006年，Geoffrey Hinton等对深度信念网络的研究，标志着深度学习的兴起。深度学习的核心理念是通过大规模数据集进行高效训练，以实现更精准的分类和预测。深度学习方法使用多层神经网络构建复杂的模型，能够自动从数据中提取特征，显著提升了在图像识别、自然语言处理和语音识别等领域的性能。

现代计算资源，特别是GPU的广泛应用，使得训练深层神经网络成为可能，同时，海量数据的可获取性为模型的训练提供了丰富的素材。深度学习的成功案例层出不穷，例如，卷积神经网络在图像识别比赛中的优异表现，以及循环神经网络在自然语言处理中的应用，充分体现了深度学习技术的影响力。

8.2 机器学习的分类和学习策略

8.2.1 机器学习的分类

机器学习的三要素是“数据”“算法”“模型”，分别对应对象、方法和目标。基于这三个要素，可以对机器学习进行分类。

1. 基于学习途径的分类

（1）符号学习：这种学习方式基于认知心理学原理，模拟人脑的高层心理过程。输入为符号数据，采用符号运算，通过推理在状态空间中进行搜索，学习目标通常是概念或规则。符号学习的典型方法包括决策树、规则学习等。

（2）连接学习：这种学习方式基于脑科学和神经科学的原理，模拟人脑的神经活动。它使用人工神经网络，以数值数据为输入，通过数值计算进行优化，学习目标是函数或分类。近年来发展出的深度学习已成为连接学习的重要组成部分。

（3）统计学习：该方法利用统计学和概率论，对样本数据进行处理，旨在发现数据中的模式和规律。统计学习强调对数据分布和关系的分析。

（4）交互学习：通过智能体与环境的互动来学习。强化学习是其典型代表，结合动态规划和统计方法，使用环境反馈（奖惩信号）来学习最优策略。

2. 基于学习方法的分类

（1）归纳学习：这是一种基于归纳图例的学习方式，又可以分为符号归纳学习、函数归纳学习和类别归纳学习。

（2）演绎学习：该方法以演绎推理为基础，通过已有规则或理论推导出具体的结论。

（3）类比学习：该方法依赖类比推理，旨在通过已有案例来推导新的知识，常见形式包括案例学习、基于实例的学习和迁移学习。

（4）分析学习：该方法结合先验知识与演绎推理，以扩展样本所能提供的信息。典型的分析学习形式为解释学习。

3. 基于样本数据特点的分类

（1）有监督学习：有监督学习是一种机器学习方法，其中模型的训练依赖于带有标签的数据集。每个训练样本由输入特征和对应的目标输出（标签）组成。目标是通过分析这些已标注的数据来学习一个映射函数，以便在面对新数据时能够进行准确的预测或分类。常见的有监督学习算法包括线性回归、支持向量机、决策树和神经网络等。

（2）无监督学习：无监督学习用于从未标注的数据中发现模式和结构。在无监督学习中，模型没有事先提供的标签或目标输出，而是依赖于输入数据的内在特征进行学习和推断。无监督学习方法使模型能够自动识别数据中的潜在关系和类别，从而为后续分析和决策提供基础。典型的无监督学习算法包括聚类（如 *K*-Means）、降维（如主成分分析）和关联规则学习等。

4. 基于数据形式的分类

（1）结构化学习：结构化学习以结构化数据作为输入，这些数据通常是格式化的，如数据库表格或电子表格，具有明确的行和列结构。结构化学习的典型例子包括决策树、线性回归和逻辑回归等。这类学习方法能够清晰地定义输入特征和目标输出，从而进行有效的模型训练和预测。

（2）非结构化学习：与结构化学习相对，非结构化学习处理的是没有固定格式的数据，如文本、图像、音频和视频等。非结构化学习的方法包括自然语言处理、深度学习中的卷积神经网络（用于图像识别）和循环神经网络（用于语音和文本处理）等。非结构化学习方法能够从复杂和多样化的数据中提取信息，识别潜在模式，为实际应用提供支持。

5. 基于学习目标的分类

（1）概念学习：概念学习的目标是获得对特定概念或类别的理解。模型通过观察一组带有标签的实例来识别和总结概念特征，从而能够在面对新实例时进行准确分类。概念学习通常应用于有监督学习，通过已知的类别标签来指导模型训练。

（2）规则学习：规则学习的目标是识别和生成用于决策的规则。典型方法包括决策树学习和关联规则挖掘。决策树学习通过数据的属性构建决策路径，关联规则挖掘则用于发现变量之间的关系。

（3）函数学习：函数学习专注于学习输入与输出之间的函数关系。代表性的方法包括神经网络和线性回归等统计模型。这类学习通过训练模型来映射输入数据到预测结果，是有监督学习中的核心任务之一。

（4）类别学习：类别学习旨在识别对象的类别或群组，通常涉及无监督学习的方法。在类别学习中，模型通过分析未标注的数据自动将数据点分配到不同的类别或群组，以揭示数据的潜在结构。常见的类别学习方法包括聚类算法，如 *K*-Means 聚类。

8.2.2 机器学习的学习策略

机器学习策略的选择对于学习过程的成功至关重要。根据学习过程中推理的运用程度，可以将机器学习策略大致分为三种主要类型：归纳学习、类比学习和解释学习。这些策略不仅体现了学习与推理的紧密联系，而且揭示了一个基本规律：在机器学习中，推理的运用越广泛，系统解决问题的能力就越强。

1. 归纳学习

归纳学习是机器学习中一种核心的学习范式，它模拟人类从具体实例中抽象出普遍规律的能力。归纳学习方法从特殊到一般，从部分到整体，通过观察和分析数据，形成对未知情况的预测或决策。

1）归纳学习的定义

归纳学习是一种从个别到一般的推理方法，它允许机器从具体的数据实例中归纳出一般性的规律或模式。归纳学习方式不仅模仿人类的认知过程，而且为机器学习提供了一种强大的工具，使其能够从经验中学习并做出预测。

2）归纳学习的过程

归纳学习的过程可以概括为以下几个关键步骤。

（1）观察陈述：收集关于对象、状态、过程等的特定知识。

（2）初始归纳断言：可能为空，但为归纳提供了起点。

（3）背景知识：定义了观察陈述、候选归纳断言以及相关问题领域的知识、假设和约束。

3）归纳学习的方法

作为一种依托于归纳推理的学习方法，归纳学习根据是否有外部指导划分为两大类：示例学习和观察与发现学习。示例学习通常是在教师的指导下进行，而观察与发现学习则更多地依赖于学习系统的自主探索。

（1）示例学习。示例学习也称为实例学习，侧重于从一系列与特定概念相关的实例中归纳出普遍性的规律。在示例学习过程中，学习系统接收到一组标记好的实例（包括正例和反例），其任务是从这些具体的实例中提取出能够广泛适用的一般性规则。目标是构建一个模型，该模型能够准确地覆盖所有正例并排除所有反例，从而实现对概念的全面理解。

（2）观察与发现学习。观察与发现学习也称为描述性概括，旨在通过观察数据集来揭示潜在的规律或模式，进而形成对某类对象或现象的一般性描述。此方法侧重于对实例进行聚类和分类，以形成对概念的描述。通过分析数据中的共性和差异，学习系统能够构建出对特定现象的概括性理解。

2. 类比学习

类比学习是一种强大的认知工具，它通过识别不同领域之间的相似性来促进知识的迁移和创新。类比学习方式在解决复杂问题和学习新概念时尤为有效。

根据应用目的和方法类比学习可以划分为四种主要类型，每种类型都针对特定的问题解决策略或认知过程。

（1）问题求解型。问题求解型类比学习专注于利用已有的解决方案来应对新的挑战。该方法通过寻找与当前问题相似的历史案例，然后应用那些案例中的解决方案来解决新问题。这种方法在技术开发或医疗诊断中有广泛应用。

（2）预测推理型。预测推理型类比学习涉及对未来事件的预测，并基于这些预测进行逻辑推理。首先对可能的结果进行假设，然后通过推理来验证这些假设的合理性。这种方法在经济预测或气象预报中非常有用。

（3）传统类比法。传统类比法学习侧重于通过比较两个或多个相似的情境来提取共同的特征和规律，依赖于对相似性的深入理解和分析。

（4）因果关系型。因果关系型类比学习专注于从已知的因果关系中推导出新的因果关系。该方法基于对因果机制的深入理解，通过类比来预测新的因果链。

3. 解释学习

在人工智能领域，解释学习（explainable learning）是一个日益受到关注的研究方向。它旨在提高机器学习模型的可解释性，使人类能够理解、信任并有效管理智能系统。

1）解释学习的定义

解释学习是指开发和使用能够提供清晰、可理解的决策解释的机器学习模型。在这种学习过程中，模型不仅产生预测或决策，而且能够展示其决策背后的原因和逻辑。这与传统的“黑箱”模型不同，后者虽然可能非常准确，但缺乏对决策过程的透明度。

2）解释学习的意义

（1）增强信任：当用户能够理解模型的决策过程时，他们更有可能信任这些模型的输出。这对于需要高可靠性的应用（如医疗诊断、自动驾驶汽车）尤为重要。

（2）促进合规性：在某些行业，如金融和医疗保健，法规可能要求决策过程必须是透明的。解释学习可以帮助组织遵守这些规定。

（3）改进决策：通过理解模型的决策逻辑，用户可以发现潜在的偏见或错误，从而改进模型的性能和决策质量。

（4）支持创新：解释学习可以揭示数据中的新模式和关系，激发新的业务洞察和创新思路。

3）解释学习的方法

（1）模型固有的可解释性：选择或设计本身就容易理解的模型，如决策树、线性回归模型等。

（2）模型无关的解释方法：这些方法不依赖于特定的模型类型，而是通过分析模型的输入和输出来提供解释，如特征重要性分析、局部可解释模型－敏感度分析等。

（3）模型特定的解释方法：针对特定类型的模型（如神经网络）开发解释工具，如激活映射、注意力权重分析等。

8.3 线性回归

8.3.1 线性回归的定义与假设

1. 线性回归的定义

线性回归的核心在于理解“线性”这个概念。在中学数学中，我们学习了直线方程，例如当斜率$k=3$、截距$b=5$时，方程可以表示为$y=3x+5$。通过这个方程，可以为任意给定的x值计算出相应的y值，这是线性关系的典型表现。

在机器学习领域，线性回归被用来描述因变量与一个或多个自变量之间的线性关系，其基本思想是通过拟合一个线性方程来预测或解释因变量的变化。线性回归模型假设自变量和因变量之间存在线性关系，即因变量可以表示为自变量的线性组合加上一个误差项。在线性回归模型中，这种关系可以用以下数学表达式来描述：

$$\boldsymbol{y}=\boldsymbol{w}^{\mathrm{T}}\boldsymbol{x}+\boldsymbol{b}+\boldsymbol{c} \tag{8-1}$$

其中，$\boldsymbol{y}$是因变量；$\boldsymbol{w}$称为权重，它决定了每个自变量（特征）对因变量$\boldsymbol{y}$的影响；$\boldsymbol{b}$是截距；$\boldsymbol{c}$是误差项，它增加了模型的表达能力，使得模型能够更好地拟合实际数据，从而预测出最接近目标值$\boldsymbol{y}$的结果。误差项反映了未被解释的随机噪声或系统误差，增强了模型的鲁棒性。

2. 线性回归的假设

线性回归模型的有效性和预测的可靠性建立在一系列基本假设之上。这些假设是构建和评估模型的基础。

1）线性关系

线性回归模型假设因变量 $\boldsymbol{y}$ 与自变量 $\boldsymbol{x}$ 之间存在线性关系。这意味着因变量可以表示为自变量的线性组合加上一个误差项。线性关系可以用以下形式表示：

$$\boldsymbol{y}=\boldsymbol{w}^{\mathrm{T}}\boldsymbol{x}+\boldsymbol{b}+\boldsymbol{c} \tag{8-2}$$

其中，$\boldsymbol{w}$ 是回归系数；$\boldsymbol{b}$ 是截距；$\boldsymbol{c}$ 是误差项。线性关系假设是线性回归模型的基础，它保证了模型对数据的拟合可以用直线或超平面来描述。

2）误差正态分布

假设误差项 $\boldsymbol{c}$ 服从均值为零的正态分布，使得线性回归模型的估计具有最小方差，并且能够进行假设检验。正态分布的误差项保证了回归系数的估计量是无偏的且具有最小方差，从而提高了模型的预测能力和解释能力。

3）独立性

假设观测数据是相互独立的，误差项之间没有相关性。独立性确保了模型的预测结果不会受到观测数据间相关性的影响，使得回归分析结果更加准确和可信。数据的独立性是进行有效模型评估和推断的前提。

如果这些假设不成立，可能需要对模型进行调整，如使用非线性回归、广义线性模型或其他适合的数据建模方法，以确保模型的有效性和可靠性。

8.3.2 模型评估

在建立线性回归模型之后，评估模型的拟合质量是至关重要的一步。在众多评估指标中，以下三个是线性回归分析中最为常用的衡量标准。

1. 决定系数

决定系数 R^2 是衡量模型对因变量变异解释能力的一个重要指标。R^2 的值域介于 0 到 1 之间，值越接近 1，表明模型对数据的拟合程度越好，即模型能够解释更多的因变量变异。决定系数的计算公式如下：

$$R^2=1-\frac{\sum_{i=1}^{n}(y_i-\hat{y}_i)^2}{\sum_{i=1}^{n}(y_i-\overline{y})^2} \tag{8-3}$$

其中，y_i 是第 i 个观测值；$\hat{y}_i$ 是模型预测的第 i 个值；$\overline{y}$ 是观测值的平均值。R^2 值提供了一个量化的度量，表明模型在多大程度上能够通过自变量来解释因变量的变化。然而一个高的 R^2 值并不总是意味着模型就是最佳的，因为过拟合也可能导致 R^2 值虚高。因此在评估模型时，还需要考虑其他指标和诊断方法。

2. 均方误差

均方误差（mean square error，MSE）是衡量预测值与实际值之间差异的指标，它计算的是预测误差的平方的平均值。MSE 越小，表明模型的预测精度越高。均方误差的计算公式为

$$\mathrm{MSE}=\frac{1}{n}\sum(x_i-y_i)^2 \tag{8-4}$$

与 R^2 类似，MSE 也需要与其他指标结合使用，以全面评估模型的性能。例如，一个低的 MSE 值可能掩盖了模型在某些特定数据点上的大误差，因此，观察残差分布和进行残差分析同样重要。

3. 残差分析

残差分析是分析预测误差分布情况的一种方法，它用于检查模型是否存在系统性偏差。通过残差图，可以直观地观察到预测误差是否为随机分布，从而检验模型假设是否成立，如线性关系和同方差性等。如果残差图显示出明显的非随机模式，这可能意味着模型存在某些问题，需要进一步的诊断和调整。

残差分析不仅包括观察残差的图形分布，还包括对残差进行统计测试，如残差的正态性检验和异方差性检验。这些测试有助于我们识别数据中的异常值、杠杆点和影响点，这些都是可能影响模型预测性能的关键因素。

8.3.3 参数估计

在构建线性回归模型的过程中，参数估计是一个关键步骤，它涉及精确地确定模型中的回归系数 w 和截距 b。参数估计的准确性直接影响到模型的预测能力和解释力。

最小二乘法是估计参数时最广泛使用的方法。其基本理念是通过最小化预测值与实际观测值之间误差的平方和，来寻找最优的参数解。最小二乘法因其数学上的简洁和计算上的高效而备受青睐，成为线性回归分析中的首选技术。

在最小二乘法的应用中，构建了一个目标函数，用以衡量模型预测值与实际观测值之间的偏差。具体而言，目标函数定义为

$$S(w,b)=\sum_{i=1}^{n}(y_i-(w\cdot x_i+b))^2 \tag{8-5}$$

其中，y_i 是第 i 个观测值，对应的是 x_i 自变量；n 是观测值的总数。我们的目标是找到一组参数 w 和 b，使得 $S(w,b)$ 最小。

8.4 分　类

8.4.1 分类的基本概念

在机器学习领域，分类是一种监督学习技术，其核心目标是根据输入数据的特征将样本划分到特定的类别中。与回归分析不同，分类任务的输出是离散的类别标签，而

非连续的数值。例如，在电子邮件过滤中，模型的任务是将邮件标记为“垃圾邮件”或“非垃圾邮件”，这是一个典型的二分类问题。分类问题通常依赖于已标记的训练数据集，其中每个样本都附有明确的类别标签。分类技术广泛应用于文本分析、图像识别、医疗诊断等多个领域。构建有效的分类模型关键在于识别输入特征与输出类别之间的关联，以便准确预测新样本的类别归属。

1. 分类问题的定义

分类问题是指在机器学习中，根据输入特征将数据样本分配到预定义的离散类别或标签中的一种任务。目标是构建一个模型，使其能够根据已知的训练数据（带标签样本）学习，并对未见样本进行准确的类别预测。

2. 二分类与多分类问题

分类问题根据类别的数量可以进一步细分为二分类问题和多分类问题。

二分类问题涉及将样本划分为两个互斥的类别。例如，判断一封电子邮件是否为垃圾邮件，或诊断病人是否患有某种疾病。二分类问题的关键在于构建一个能够精确区分两个类别的模型。常用的二分类算法包括逻辑回归、支持向量机和朴素贝叶斯分类器等。

多分类问题则更为复杂，涉及三个或更多类别的分类。例如，在图像识别任务中，可能需要将图像识别为猫、狗、鸟等不同类别。多分类问题要求模型能够在多个类别之间做出区分，这通常比二分类问题更具挑战性。处理多分类问题时，常用的算法包括决策树、随机森林以及对逻辑回归和支持向量机的扩展。在实践中，多分类问题常通过“一对多”或“一对一”策略转化为多个二分类问题，以简化问题的复杂度。

8.4.2 常见分类算法

在机器学习领域，分类算法是解决分类问题的核心工具。以下是几种常见的分类算法，每种算法都有其独特的特点和适用场景。

1. *K* 最近邻算法

K 最近邻（*K*-nearest neighbors，KNN）算法是一种基于实例的分类方法，它通过计算新样本与训练集中样本之间的距离来确定新样本的类别。其基本思想是：一个样本的类别由其最近邻的样本中的多数类别决定。KNN 算法的优点在于其简单性和易于实现，适用于多分类问题。它的缺点包括高计算复杂度，以及对异常值和噪声数据的敏感性。此外，选择合适的 *K* 值对模型性能有显著影响。

2. 逻辑回归

逻辑回归是一种广泛用于二分类问题的统计模型。尽管名为“回归”，实际上是通过使用逻辑函数（如 Sigmoid 函数）来预测类别概率的分类方法。逻辑回归模型的表达式为

$$y=\frac{1}{1+e^{-(w^{T}x+b)}} \tag{8-6}$$

其中，w 是权重向量；b 是偏置项；e 是自然对数的底数。它的优点在于模型的可解释性，能够清晰地展示每个特征对分类结果的影响。然而，它在处理非线性问题时表现不佳，通常需要引入特征转换或选择其他算法。

3. 支持向量机

支持向量机（support vector machine，SVM）是一种非常强大的分类算法，尤其适用于小样本和高维数据的二分类问题。SVM 的核心思想是通过构建一个超平面将数据分隔为不同的类别，目标是最大化超平面与支持向量之间的间隔。支持向量机还可以通过核函数（如线性核函数、径向基核函数）将非线性问题映射到更高维度的空间，使其在高维空间中线性可分。SVM 对于复杂的分类问题有很好的表现，但其训练时间较长，尤其在处理大规模数据集时，计算开销显著。

4. 决策树

决策树是一种基于树结构的分类模型，通过递归地将数据集划分为多个子集来进行分类。决策树的每个节点代表一个特征，分支表示该特征的可能值，叶节点则表示分类结果。常用的决策树构建算法包括 ID3、C4.5 和 CART。决策树的优点在于其易于理解和解释，且无须数据标准化。但是决策树容易产生过拟合，尤其是当树的深度过大时。通过修剪技术或限制最大深度，可以有效避免模型的过拟合问题。

5. 随机森林

随机森林是一种集成学习方法，通过构建多个决策树并将它们的结果结合来提高分类性能。随机森林通过引入数据和特征的随机性，减少单棵决策树可能带来的高方差和过拟合问题。每个决策树都从原始数据集中随机抽取子集进行训练，最终通过投票的方式得到预测结果。随机森林具有高精度和良好的泛化能力，适用于处理大规模数据集和高维数据。其缺点是模型复杂性较高，难以解释具体的分类决策。

6. 朴素贝叶斯

朴素贝叶斯是一种基于贝叶斯定理的分类算法，假设特征之间相互独立。尽管该假设在现实中往往不成立，但朴素贝叶斯算法在许多应用中表现出令人意外的高效性，尤其适用于文本分类问题。朴素贝叶斯的优势在于计算简单，训练速度快，适合大规模数据处理。它的缺点在于特征独立性假设不符合现实时，分类效果可能不理想。此外，朴素贝叶斯对连续型变量的处理较为困难，通常需要将连续变量离散化。

8.4.3 分类算法的性能评估

分类算法的性能评估是衡量模型有效性的关键步骤。它不仅帮助了解模型在训练集和测试集上的表现，还能揭示模型在不同类别上的预测偏差。常见的评估工具和指标包括混淆矩阵（confusion matrix）、ROC（receiver operating characteristic）曲线与 AUC（area under the curve）值，以及精确率、召回率和 F1 分数等。

1. 混淆矩阵

混淆矩阵是用于评估分类模型有效性的标准工具，它展示了模型在测试数据上的预测结果与真实分类结果之间的对比。混淆矩阵包含四个关键元素：真阳性（true positive，TP）、假阳性（false positive，FP）、真阴性（true negative，TN）和假阴性（false negative，FN）。通过这些值，可以计算出模型的多种性能指标，如准确率、精确率、召回率等。

混淆矩阵不仅适用于二分类问题，还可以扩展到多分类问题中。在多分类任务中，混淆矩阵的每一行对应实际的类别，而每一列对应模型的预测类别。通过分析混淆矩阵，模型开发者可以深入了解模型在哪些类别上表现较好，在哪些类别上出现了较大的误差分布，从而能够针对性地调整算法或优化数据集。

2. ROC 曲线与 AUC 值

ROC 曲线是二分类问题中用于评估模型性能的重要工具。ROC 曲线展示了模型的假阳性率（false positive rate，FPR）与真阳性率（true positive rate，TPR）之间的关系，即模型在各种阈值下的表现。当 ROC 曲线越接近左上角时，说明模型的区分能力越强，能够更准确地将正类和负类区分开。

与 ROC 曲线相关联的 AUC 值则是一个量化模型整体表现的指标。AUC 值介于 0 到 1 之间，值越接近 1，说明模型的预测能力越好。尤其是在处理类别不平衡的数据集时，AUC 是比准确率更合适的评估指标，因为它不受类别分布偏差的影响，能够较好地反映模型在各个类别上的表现。

3. 精确率、召回率与 F1 分数

精确率（Precision）和召回率（Recall）是分类模型性能的两个重要评估指标，尤其适用于不平衡数据集。精确率衡量模型预测为正类的样本中实际为正类的比例，高精确率意味着模型在预测正类时错误率较低。召回率衡量实际为正类的样本中，被模型正确预测为正类的比例，高召回率表明模型能够识别大多数正类样本。

精确率和召回率往往存在相互制约的关系，提高精确率可能会降低召回率，反之亦然。因此，F1 分数提供了一个综合平衡这两个指标的度量标准。F1 分数是精确率和召回率的调和平均，计算公式如下：

$$\mathrm{F1} = 2 \times \frac{\mathrm{Precision} \times \mathrm{Recall}}{\mathrm{Precision} + \mathrm{Recall}} \tag{8-7}$$

F1 分数特别适用于不平衡数据集，在模型需要同时兼顾精确率和召回率时表现出色。它能够衡量模型在假阳性和假阴性错误之间的权衡的有效性，是评估分类算法的重要指标之一。

8.5 聚 类

8.5.1 聚类的基本概念

1. 定义

聚类（Clustering）是无监督学习的重要技术，它通过寻找数据样本之间的相似性，将数据集分为若干簇，使得同一簇内的样本彼此相似，而不同簇之间的样本差异较大。聚类广泛应用于探索性数据分析、模式识别、图像处理等领域，尤其在没有标签的情况下，能够自动发现数据的潜在结构。

2. 聚类与分类的区别

聚类和分类的核心区别在于是否使用标签。分类是监督学习任务，使用已有的标注数据来训练模型，目标是将新样本分到预先定义的类别中。分类算法依赖标注数据来学习类别边界。

相反，聚类是无监督学习任务，它不需要预先标注数据，而是通过发现样本之间的相似性来分组。该方式在探索数据时非常有用，尤其是在没有先验知识的情况下，聚类可以揭示数据中的潜在结构。在一些应用中，聚类也可以作为数据预处理的步骤，用于生成新的特征或简化数据。

8.5.2 常见聚类算法

聚类算法种类繁多，不同的算法适用于不同类型的数据和应用场景。以下介绍几种常见的聚类算法及其特点。

1. K 均值聚类

K 均值（K-Means）是最经典的聚类算法之一。它通过迭代优化的方式，将数据分为 K 个簇，每个簇由一个中心点代表。如图 8-2 所示，算法首先随机选择 K 个初始簇中心，接着将每个样本分配到最近的簇中心，再根据每个簇的成员重新计算新的中心点。该过程持续进行，直到簇中心不再发生变化或达到预设的收敛条件。

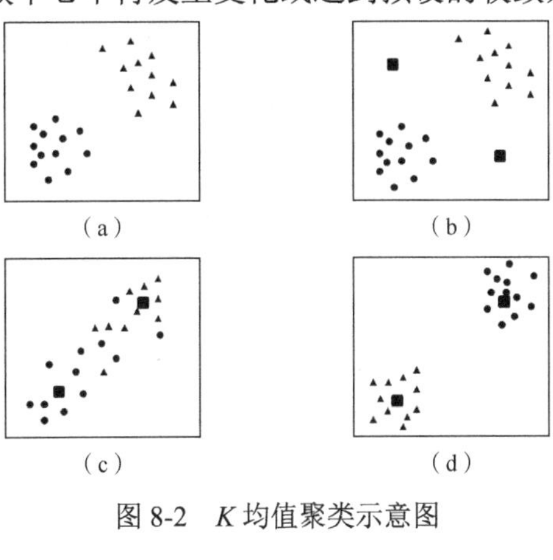

图 8-2　K 均值聚类示意图

其优点是算法简单、计算速度快，适用于大规模数据。然而，它的缺点也较为明显：首先，必须预先指定簇的数量 K，这在实际中往往难以确定；其次，K 均值对初始簇中心敏感，不同的初始值可能导致不同的聚类结果；最后，K 均值假设簇是球形且具有相似的大小，这在某些复杂数据中可能不适用。

2. 层次聚类

有一些聚类方法只依赖于实例之间的相似性，而不对数据有其他特殊要求。其目标是识别分组，使得同一个分组中的对象比不同分组中的对象更加相似。层次聚类是实现这一目标的有效方法。

层次聚类包括两种主要算法：自下而上（凝聚式）和自上而下（分裂式）。自下而上的层次聚类从最底层开始，将每个对象视为一个独立的簇，然后逐步合并相似的对象形成更大的簇，直到所有数据合并成一个簇。自上而下的层次聚类则从一个包含所有对象的整体开始，逐步将其细分，直到每个对象单独成为一个簇为止。

在实际应用中，大多数层次聚类采用自下而上的方式，其区别主要体现在簇间相似度的定义和计算方法上。簇间距离的度量方法包括最小距离法、最大距离法、平均距离和中心点距离。

层次聚类法的步骤具有一定的相似性。下面以最小距离法为例，说明自下而上层次聚类的步骤。

（1）初始化：将每个对象视为一个独立的簇，计算所有对象之间的距离矩阵。

（2）合并簇：识别出距离最小的两簇，并将它们合并为一个新的簇。

（3）更新距离矩阵：重新计算新形成的簇与所有其他簇之间的距离。使用最小距离法，新的簇与另一个簇的距离定义为新簇中任一对象与该簇中任一对象之间的最小距离。

（4）重复合并：重复步骤（2）和（3），直到所有对象都被合并为一个簇。

8.5.3 聚类的优化与改进方法

在实际应用中，聚类效果往往受到多个因素的影响，如数据的特征选择、维度的高低、距离度量方式等。因此，使用合适的优化方法对聚类算法进行改进，可以显著提升聚类的性能和稳定性。常用优化方法如下。

1. 特征选择与降维

数据的高维性和冗余特征常常会影响聚类的结果。因此，通过特征选择或降维技术，可以减少数据维度并提高聚类效果。常见的降维方法有主成分分析（principal component analysis，PCA）和线性判别分析（linear discriminant analysis，LDA）。这些方法可以减少噪声和冗余信息，使得聚类算法更有效率。

2. 距离度量的选择

聚类算法通常依赖于样本之间的距离度量，不同的距离度量方式（如欧氏距离、曼哈顿距离或余弦相似度）会直接影响聚类结果。对于不同的数据类型和分布，选择合适的距离度量至关重要。例如，在文本数据中，余弦相似度往往比欧氏距离更有效；而在空间数据中，欧氏距离可能是更好的选择。

8.5.4 聚类的应用案例

聚类算法在实际中有广泛的应用，特别是在处理无标签数据时，它能够帮助从数据中自动发现模式和结构。以下是一些常见的应用场景。

1. 图像分割

图像分割是计算机视觉中的重要任务，聚类可以用于将图像中的像素划分为不同的区域，进而实现对象识别或边缘检测。*K* 均值和高斯混合模型（Gaussian mixture model，GMM）是常见的图像分割算法。通过将图像的像素值视为数据点，聚类算法可以将像素分配到不同的簇中，从而实现分割。

2. 文本主题发现

在自然语言处理领域，聚类可以用于文本的主题发现和文档分类。通过对文本的向量表示进行聚类，算法能够自动识别出文本中的主要话题。潜在狄利克雷分布（latent Dirichlet allocation，LDA）是一种常见的文本聚类方法，它通过概率模型来发现隐藏的主题结构。

3. 异常检测

异常检测是聚类算法的另一重要应用场景。通过将数据集进行聚类，可以识别出与大部分样本不相似的“异常”数据点。这些异常点可能代表设备故障、欺诈行为或其他极端情况。基于密度的聚类特别适合用于异常检测，因为它能够将密度较低的样本识别为离群点。在金融欺诈检测、网络入侵检测和医疗诊断等领域，异常检测可以帮助识别不寻常的模式，从而提高系统的安全性和稳定性。

4. 生物数据分析

在生物学和基因研究中，聚类算法被广泛应用于基因表达数据的分析。例如，通过聚类基因表达数据，可以将具有相似表达模式的基因分组，从而揭示基因之间的潜在关系。在生物信息学中，聚类有助于发现基因功能的相关性、蛋白质相互作用网络等。常见的聚类算法，如层次聚类和 *K* 均值，在分析基因组数据时非常有用。

5. 推荐系统

聚类还可以用于推荐系统，通过聚类用户的行为数据，系统能够为相似群体推荐相关的内容或产品。例如，在视频网站中，通过聚类用户的观影记录，系统可以为相同簇内的用户推荐类似类型的影片。聚类算法可以帮助推荐系统提高个性化推荐的准确性，增强用户体验。

第 9 章 神经计算

9.1 生物神经系统

生物神经系统是自然界中信息处理的复杂机制，支撑了所有生物体的感觉、运动、思维和行为。它由大量神经元和它们之间的连接组成，负责接收、处理和传递神经信号。了解生物神经系统的基本结构和功能是设计和理解人工神经网络的基础。

9.1.1 神经元的结构和功能

神经元是生物神经系统的基本功能单位。其结构图如图 9-1 所示，主要包括以下部分。

（1）细胞体（胞体）：神经元的核心部分，包含细胞核和其他细胞体。细胞体负责神经元的代谢和合成神经递质。

（2）树突：从细胞体延伸出的分支结构，接收来自其他神经元的信号。树突上的突触接受输入信号，并将其传递到细胞体。

（3）轴突：一个从细胞体延伸出来的长而细的部分，负责将信号传递到其他神经元或效应器。轴突末端分支形成突触，与其他神经元或效应器连接。

（4）髓鞘：包裹在轴突上的脂质层，能够加速信号的传导。髓鞘由施旺细胞（在外周神经系统中）或寡突胶质细胞（在中枢神经系统中）形成。

（5）突触：神经元之间的连接点，通过突触传递神经递质，完成信息的传递和调节。突触可以是化学突触（通过化学物质传递信号）或电突触（通过电信号直接传递）。

（6）兰氏结：神经元轴突上的一系列间隙，在神经信号的传导中起着重要作用。

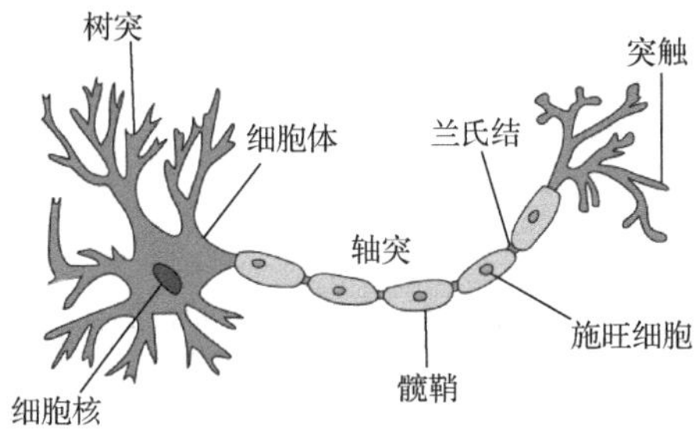

图 9-1 神经元结构图

9.1.2 生物神经系统的层级结构

生物神经系统的组织结构分为不同的层级，每一层级都有特定的功能。

（1）感官神经系统：负责感知外界和内部环境的信息，包括视觉、听觉、嗅觉、味觉和触觉等感官系统。

（2）中枢神经系统：包括大脑和脊髓，负责整合、处理和存储信息。大脑负责高级认知功能，如思维、决策和记忆；脊髓负责反射行为和将信息传递到大脑。

（3）外周神经系统：连接中枢神经系统和身体其他部分，包括躯体神经系统（控制躯体运动）和自主神经系统（调节内脏功能）。

9.1.3 生物神经系统的功能

生物神经系统的主要功能如下。

（1）感知：通过感官神经元接收环境和体内的各种刺激，并将信息传递到中枢神经系统。

（2）处理和整合：中枢神经系统对感知到的信息进行分析、整合和解释，形成认知和决策。

（3）运动控制：通过运动神经元控制身体的肌肉运动，实现各种动作和反应。

（4）自主调节：自主调节内脏功能，如心跳、呼吸和消化等，维持体内的稳态。

生物神经系统的复杂性和功能为人工神经网络的设计提供了重要的启示。通过模拟神经元的结构和功能，人工神经网络能够进行类似的学习和信息处理任务，从而实现各种智能功能。

9.2 神经计算的概念和应用

神经计算是一种计算模型，它借鉴了生物神经系统的结构和功能，用于解决复杂的计算问题。该模型以神经网络为基础，通过模拟神经元的连接和信号传递机制，进行信息处理、学习和决策。神经计算的核心理念在于利用神经网络的自适应能力来处理各种任务，特别是那些传统算法难以解决的非线性问题。

9.2.1 神经计算的基本原理

神经计算的基本原理是模拟生物神经系统的工作机制，旨在模仿人脑的学习、记忆和信息处理方式。生物神经系统由大量神经元通过突触连接而成，神经元之间通过电化学信号传递信息。

1. 神经元模型

在神经计算中，神经元是基本的计算单元，它模仿生物神经元的行为。每个神经元会接收来自其他神经元的输入信号，并通过计算加权和（即输入信号与权重的乘积之和）得到一个激活值。该激活值会通过一个激活函数处理，决定该神经元是否以及以何种强度向其他神经元发送输出信号。多个神经元互相连接形成网络，用于执行更复杂的计算任务。

2. 突触权重

神经元之间的连接强度由突触权重表示。这些权重控制输入信号的传递强度与方向，即决定哪些输入对神经元的输出影响更大。在神经网络的训练过程中，这些权重会不断调整，以优化网络的性能。训练的核心任务就是找到一组合适的权重，使网络能够对输入数据作出准确的预测或分类。

3. 激活函数

激活函数是神经元输出的非线性变换器，用于将计算结果映射到特定的输出范围。常见的激活函数如下。

（1）Sigmoid 函数：将输出限制在（0,1）区间内，常用于概率问题。

（2）Tanh 函数：输出限制在（−1,1）区间，使数据中心化，但可能导致梯度消失问题。

（3）ReLU（rectified linear unit）：对负值输出为 0，正值保持不变，有效缓解了梯度消失问题，是深度网络中广泛使用的激活函数。

这些非线性激活函数使神经网络具备了处理复杂非线性任务的能力，模拟了生物神经元的复杂信息处理机制。

4. 神经网络的结构

神经网络由层级结构组成，每一层包含多个神经元。常见的神经网络结构包括输入层、隐藏层和输出层。

（1）输入层：接收外部输入数据，并将其传递到下一层。输入层的神经元数量通常与输入数据的特征维度相对应。

（2）隐藏层：位于输入层和输出层之间，负责对输入数据进行特征提取和转换。隐藏层的神经元数量和层数通常决定了网络的表达能力和复杂性。

（3）输出层：生成最终的预测结果或分类结果。输出层的神经元数量通常与任务的类别数或输出维度相对应。

9.2.2 学习和训练过程

神经计算中，网络的学习过程包括前向传播和反向传播两部分，目的是通过调整网络的权重来优化性能。

1. 前向传播

前向传播是神经网络进行预测的基本过程。它描述了输入数据从输入层逐层通过隐藏层直到输出层，生成最终预测结果的整个流程。在每一层中，神经元接收前一层输出的数值，计算加权和，并应用激活函数，最终产生该层的输出，逐层推进直到网络的最后一层。

前向传播的具体步骤如下。

（1）输入数据的接收：神经网络从输入层接收输入数据。在图像分类任务中，输入可能是图像的像素值的向量。在自然语言处理任务中，输入可能是经过词向量编码的文本。

（2）加权求和：对于神经网络中的每一个神经元，首先计算该神经元的输入的加权和。假设输入为 $\boldsymbol{x}=[x_1,x_2,\cdots,x_n]$，权重为 $\boldsymbol{w}=[w_1,w_2,\cdots,w_n]$，那么每个神经元的加权和可以表示为：$z=w_1x_1+w_2x_2+\cdots+w_nx_n+b=\boldsymbol{w}^{\mathrm{T}}\boldsymbol{x}+b$ 其中，b 是偏置项，用于提高模型的灵活性。

（3）激活函数的应用：加权和计算完成后，需要通过激活函数（如 ReLU、Sigmoid、Tanh 等）将其转换为非线性输出。激活函数的引入是为了使神经网络能够学习到更复杂的模式。如果没有激活函数，神经网络的所有层级只会是线性变换，无法处理复杂的非线性关系。以最常用的 ReLU 激活函数为例，$a=\mathrm{ReLU}(z)=\max(0,z)$，ReLU 会将所有负值变为 0，正值保持不变，从而引入非线性。

（4）逐层传递输出：上述过程会在网络的每一层中重复执行。即每一层的输出会成为下一层的输入，经过权重加权和及激活函数处理后，得到下一层的输出。随着网络层数的增加，数据逐步变得更加抽象和复杂，每一层都在学习不同的特征。

（5）输出层的计算：当数据传播到最后一层时，网络会生成最终的输出值。在分类问题中，输出层通常使用 Softmax 函数将输出值转换为概率分布。Softmax 函数的输出结果是所有类别的概率值之和为 1，从而可以用来进行分类决策。在回归问题中，输出层可能会直接输出一个实数，而不需要应用额外的激活函数。

（6）预测结果的生成是前向传播过程的最后一步，也是神经网络实际应用中最为重要的部分。通过前向传播，输入数据经过一系列的权重加权和激活函数的转换后，最终在输出层生成预测值。

2. 反向传播

反向传播是神经网络训练中用于调整权重的核心算法，它通过计算损失函数相对于每个网络参数的梯度，指导网络权重的优化。反向传播的目的是最小化损失函数，从而提升模型的预测精度。

反向传播的过程包括以下两个部分。

（1）误差的反向传播：当神经网络通过前向传播得到预测结果后，将其与实际值进行比较，计算损失。接着，通过链式法则逐层计算损失函数对每个参数（如权重和偏置）的梯度。该过程从输出层开始，层层回传误差信号，计算每一层的梯度。这些梯度告诉我们权重的调整方向，以减小误差。

（2）权重的更新：得到梯度后，使用优化算法（如梯度下降）来更新网络的权重。

通过反向传播和优化算法的迭代，神经网络可以逐步调整权重，从而减小预测误差，最终提高模型的性能。

9.2.3 神经计算的应用领域

1. 图像处理

在图像处理领域，神经网络已成为关键技术。图像分类任务利用卷积神经网络进行特征提取和分类，能够有效识别和分类大量图像。例如，图像识别系统可以在社交媒体平台上自动标记和分类用户上传的照片。此外，目标检测技术通过定位图像中的特定对象，为自动驾驶和监控系统提供支持。同时，神经网络还被广泛应用于图像生成领域，通过生成对抗网络能够合成高质量的图像，应用于艺术创作、虚拟现实和游戏设计。

2. 自然语言处理

自然语言处理是神经计算的另一个重要应用领域。基于循环神经网络和变换器架构，神经网络能够处理复杂的语言模型，实现机器翻译、情感分析和语音识别等任务。例如，机器翻译系统可以将一种语言的文本准确转换为另一种语言，极大地促进了全球交流。情感分析技术则通过分析用户评论和社交媒体帖子，识别文本中的情感倾向，帮助企业了解用户反馈和市场趋势。在语音识别领域，神经网络能够将语音信号转换为文本，实现智能助手和语音控制系统。

3. 强化学习

强化学习是另一种重要的神经计算应用，广泛应用于自动驾驶、游戏智能体和策略优化等领域。自动驾驶汽车利用深度强化学习技术，学习在复杂交通环境中安全行驶的策略，能够实时应对各种驾驶情况。在游戏领域，神经网络通过学习大量的游戏数据，能够培养出可以击败人类玩家的智能体。例如，DeepMind 的 AlphaGo 就是通过强化学习在围棋领域取得了惊人的成绩。策略优化方面，神经网络能够在动态环境中学习最优决策策略，广泛应用于金融、供应链管理等领域。

4. 大数据驱动的学习

神经计算的强大能力在于其对海量数据的学习和建模能力。通过对大量数据进行训练，神经网络能够发现潜在的复杂模式和关系，从而优化决策和预测。这种能力使得神经计算在医疗诊断、金融预测、智能推荐系统等领域得以深入应用，为各行各业带来了显著的变革。

9.3 人工神经网络

人工神经网络（artificial neural networks，ANN）是一类模仿生物神经系统的计算模型，其设计和结构灵感来源于生物神经网络。自 20 世纪 40 年代首次提出以来，人工神经网络经历了显著的发展，逐渐成为解决复杂任务的强大工具。

9.3.1 人工神经网络早期模型

1. 感知机

感知机是由弗兰克·罗森布拉特（Frank Rosenblatt）于 1958 年提出的，是最早的人工神经网络模型之一。它主要用于解决二分类问题，通过调整权重来对输入数据进行分类。尽管感知机在处理线性可分问题上取得了一定成功，但它无法处理非线性问题。这一局限性在 20 世纪 70 年代被揭示出来，导致了对更复杂网络结构的探索。

2. 多层感知机

多层感知机（multilayer perceptron，MLP）是一种经典的人工神经网络架构，主要用于解决复杂的非线性问题。与单层感知机不同，多层感知机包括至少一个隐藏层，除了输入层和输出层外，还有多个神经元层，可以捕捉数据中的复杂特征和模式。多层感知机的每一层由多个神经元组成，神经元之间的连接具有可学习的权重。

数据从输入层开始，经过每一层的线性变换（加权求和）和非线性激活函数处理后，逐层传递到输出层。常用的激活函数包括 ReLU、Sigmoid 和 Tanh 等，它们的目的是引入非线性，使网络能够处理非线性问题。输出层的激活函数通常依任务而定，分类任务常用 Softmax 函数，而回归任务则可能直接输出连续值。

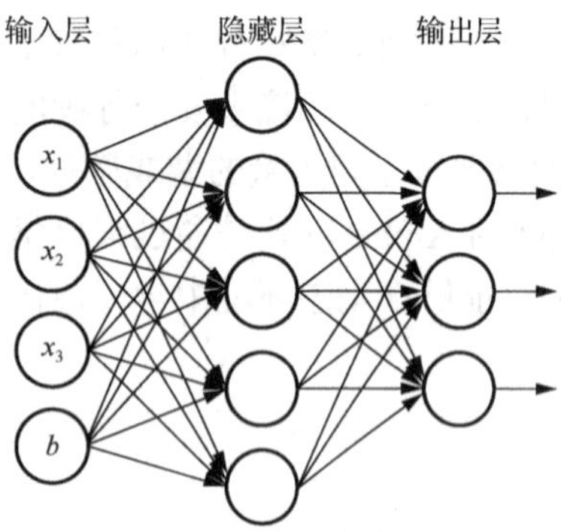

图 9-2 多层感知机的框架

多层感知机的训练通过前向传播和反向传播来完成。在前向传播中，输入数据依次通过每一层计算输出；在反向传播中，网络根据输出误差更新权重。通过优化算法（如梯度下降）最小化损失函数，以逐步优化网络性能。

多层感知机是深度学习的基础模型。尽管其结构相对于卷积神经网络等更复杂的模型较为简单，但在许多应用中仍然发挥着重要作用，如图像分类、语音识别和自然语言处理等。

多层感知机的框架如图 9-2 所示。

9.3.2 深度学习的兴起

1. 卷积神经网络

卷积神经网络是一种专门用于处理图像等结构化数据的深度学习模型。1998 年，Yann LeCun 等首次成功地将卷积神经网络应用于手写数字识别任务，卷积神经网络在 MNIST 数据集上的出色表现推动了这一技术的发展。卷积神经网络通过模拟人类视觉系统，能够自动提取图像的局部特征，极大地提升了图像处理任务的性能。

卷积神经网络的关键组成部分是卷积层、池化层和全连接层。在卷积层中，使用卷积核对输入图像进行局部扫描，从而提取低级特征，如边缘、纹理等。每个卷积核能够在图像的不同区域共享参数，从而减少了模型的参数量，同时保留了图像的空间结构信息。接着，池化层（通常是最大池化）对特征图进行降维，减少计算量并防止过拟合，保留重要特征。

经过多层卷积和池化操作后，图像的特征将逐步被提取和抽象化，最终通过全连接层进行分类或其他任务的输出。由于卷积神经网络能够捕捉图像的空间依赖关系，在图像分类、目标检测和语义分割等任务中取得了显著成果，并在现代计算机视觉中被广泛应用。

近年来，卷积神经网络的扩展和改进（如 ResNet、VGG 等）进一步推动了深度学习在图像领域的前沿发展。这些改进通过更深层次的网络架构和创新的设计，进一步提升了模型在复杂视觉任务中的表现。

图 9-3 是一个卷积神经网络框架案例。

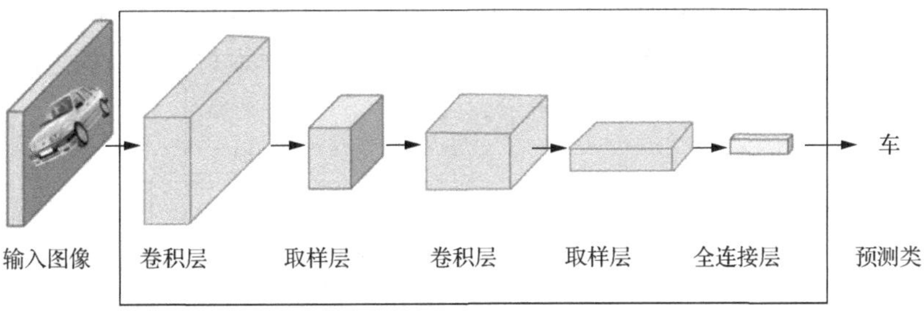

图 9-3　卷积神经网络框架案例

2. 循环神经网络

循环神经网络是一类专门用于处理序列数据的神经网络模型，能够捕捉序列中的时间依赖关系。与传统前馈神经网络不同，循环神经网络通过在网络的隐藏层之间引入循环连接，保留前一时刻的信息并将其传递给当前时刻。这一机制使得循环神经网络在时间序列数据处理、自然语言处理和语音识别等任务中表现出色。

然而，标准的循环神经网络存在一些问题，特别是在处理长序列时容易遇到梯度消失或梯度爆炸问题，导致网络难以捕捉长时间跨度的依赖关系。为了解决这些问题，长短期记忆网络（long short-term memory，LSTM）和门控循环单元（gated recurrent unit，GRU）被提出，作为循环神经网络的改进变体。

LSTM 通过引入三个门控机制（输入门、遗忘门和输出门），能够选择性地记忆和遗忘信息，从而有效解决长时依赖问题。GRU 则是 LSTM 的简化版本，结合了输入门和遗忘门，但仍保持了较强的处理长短期依赖关系的能力。

由于对序列数据的强大建模能力，循环神经网络及其变体在自然语言处理任务（如机器翻译、文本生成、情感分析）以及语音识别等领域得到了广泛应用。

循环神经网络过程图如图 9-4 所示。

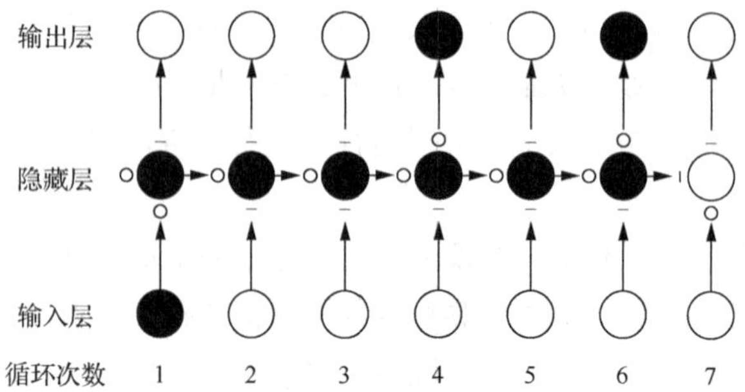

图 9-4 循环神经网络过程图

3. 生成对抗网络

生成对抗网络是由伊恩·古德费洛（Ian Goodfellow）及其团队于 2014 年提出的一种深度学习模型，旨在通过对抗训练生成逼真的数据样本。生成对抗网络由两个神经网络组成：生成器（generator）和判别器（discriminator），两者在训练过程中相互对抗。生成器负责生成逼真的数据样本，而判别器则尝试区分生成的样本与真实数据之间的差异。

生成对抗网络基本模型如图 9-5 所示。

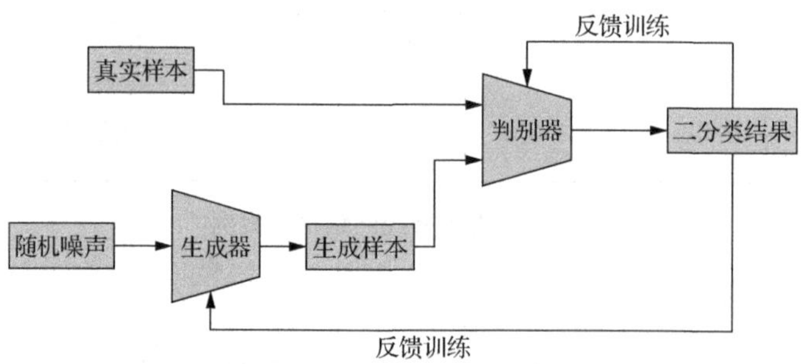

图 9-5 生成对抗网络基本模型

在生成对抗网络的训练过程中，生成器接收随机噪声作为输入，并通过学习逐渐生成逼真的样本；判别器则接受生成器生成的样本和真实样本，输出一个概率来判断输入是否为真实数据。生成器的目标是欺骗判别器，使其无法区分真假，而判别器的目标是提高判别准确率。这个对抗过程最终促使生成器能够生成与真实数据几乎无差别的样本。

生成对抗网络的创新性在于其生成的样本质量高，特别在图像生成领域取得了显著成功。如今，生成对抗网络被广泛应用于图像生成、视频生成、数据增强、风格转换等领域。例如，在图像生成中，生成对抗网络可以生成逼真的人脸图像、艺术作品或用于数据增强的合成数据，其扩展版本（如 DCGAN、StyleGAN 等）进一步推动了这一技术的发展。

4. 变换器模型

变换器模型（transformers）由谷歌的研究团队于 2017 年提出，是一种全新的神经网络架构，专门用于处理序列数据，尤其是在自然语言处理任务中表现出色。与传统的循环神经网络和长短期记忆网络不同，变换器模型完全基于自注意力机制，不依赖于序列的逐步处理，从而能够更高效地捕捉序列中任意位置之间的依赖关系。

自注意力机制允许模型在处理每个输入时，关注序列中所有其他位置的特征，这使得变换器能够更好地处理长距离的依赖关系，并在计算上实现更高的并行度。变换器模型的架构由编码器（encoder）和解码器（decoder）组成，最早被用于机器翻译任务。每个编码器和解码器层由多头自注意力机制和前馈神经网络组成，并通过残差连接和层归一化来稳定训练。

变换器模型的引入不仅显著提升了自然语言处理任务的性能，还为大规模语言模型的发展奠定了基础。这些模型在机器翻译、文本生成、问答系统等任务中表现出了前所未有的效果，推动了自然语言处理的迅速进步，并广泛应用于各类实际应用场景中。

5. 预训练和迁移学习

预训练和迁移学习是当前神经网络研究中的重要趋势，极大提升了模型在多种应用中的性能和泛化能力。预训练是指在大规模数据集上对模型进行初步训练，使其能够学习通用的特征。通过预训练，大型模型可以在广泛的数据上学习到丰富的知识表示，尤其适用于自然语言处理和计算机视觉领域。

迁移学习则是在预训练的基础上，将模型应用于特定的下游任务。具体做法是将预训练好的模型参数作为初始化权重，接着在特定任务的较小数据集上进行微调（fine-tuning）。这种方法能够显著缩短训练时间，并提高模型的泛化能力，因为模型在预训练阶段已经掌握了大量的通用知识。在实际应用中，迁移学习尤其适合于数据量有限但需要高性能的任务，如医疗影像分析、情感分类等。

例如，在计算机视觉任务中，预训练好的卷积神经网络可以通过迁移学习，快速适配于新任务，如目标检测或图像分类。在自然语言处理中，模型通过预训练获得语言的深层理解，然后通过迁移学习应用于特定的语言任务（如文本分类、机器翻译等）。这种结合大幅提高了模型的表现，成为当今深度学习领域的重要方法。

9.4 神经网络的知识表示与推理

神经网络的知识表示与推理是研究如何通过神经网络来存储、表示和利用知识以进行推理和决策的过程。这一领域探讨了神经网络如何处理和理解复杂的数据模式，并在此基础上进行推理。

9.4.1 知识表示

1. 词表示学习

词表示学习（word representation learning）是自然语言处理中的一个核心任务，旨在将词语表示为数学向量的形式，以便计算机能够理解和处理文本数据。词表示学习的目标是通过将词语映射为低维稠密向量，使得语义相似的词在向量空间中彼此接近。

最常见的词表示学习方法之一是词向量模型，如 Word2Vec 和 GloVe。这些方法基于分布假设："上下文相似的词语具有相似的含义"，通过学习词与其上下文之间的共现关系来生成词向量。Word2Vec 提供了两种训练方法：CBOW（连续词袋模型）和 Skip-Gram，前者通过上下文词预测目标词，后者则通过目标词预测其上下文。

近年来，基于深度学习的预训练模型，如 BERT（bidirectional encoder representations from transformers）和 GPT（generative pre-trained transformer），利用海量语料进行无监督预训练，进一步提升了词表示学习的效果。这些模型生成的上下文敏感词向量，可以动态捕捉词在不同语境中的含义，从而在各种自然语言处理任务（如文本分类、机器翻译、问答系统等）中取得了显著的性能提升。

词表示学习在文本处理任务中广泛应用，并为自然语言处理领域的进步奠定了基础。

2. 图表示学习

图表示学习（graph representation learning）是一种用于处理结构化数据的技术，它将图结构中的节点、边等元素嵌入低维向量空间中，以便捕捉实体及其之间的复杂关系。图通常由节点（表示实体）和边（表示实体之间的关系）组成，许多现实世界的数据，如社交网络、知识图谱、分子结构等，都可以用图来建模。

在应用中，图表示学习在多个领域发挥着重要作用。

（1）社交网络分析：通过图结构表示用户及其交互，图表示学习可用于用户行为分析、影响力传播和社区发现等任务。

（2）知识图谱：在知识图谱中，图表示学习能够有效地处理实体和关系的复杂图结构，用于知识推理和关系提取。

（3）推荐系统：通过构建用户与物品之间的图结构，图表示学习能够根据用户的历史行为和相似用户的偏好进行个性化推荐。

（4）生物信息学：在分子图中，节点代表原子，边代表化学键，图表示学习可用于预测分子性质、药物发现等任务。

此外，图表示学习还应用于交通网络优化、金融风险预测和图像分析等多个领域，极大地扩展了深度学习的应用范围。

9.4.2 知识迁移推理

知识迁移（transfer learning）是机器学习和深度学习中的一种技术，它通过将从一个任务中学到的知识（如模型的权重或特征表示）应用到另一个相关任务上，帮助模型在新任务中表现更好。迁移学习的核心思想是，许多任务之间存在某些相似性，可以共享模型的部分知识，尤其是在数据有限或训练成本较高的情况下，迁移学习能够减少训练时间和对大规模数据的依赖。

在迁移学习中，最常见的做法是使用预训练模型，即在一个大型数据集和通用任务上预先训练好模型，然后在新的任务中进行微调。例如，BERT、GPT 等大型语言模型通过在海量文本上预训练，学习到通用的语言表示。在迁移学习过程中，这些预训练模型的参数被用于新的自然语言处理任务，如文本分类、情感分析或机器翻译，只需在新任务的小数据集上进行少量的微调即可获得优秀的性能。

应用方面，知识迁移被广泛应用于自然语言处理（如使用 BERT 进行文本分类）、计算机视觉（如使用 ResNet 进行图像识别）和语音识别等领域。通过迁移学习，研究者能够在许多特定任务上复用预训练模型的知识，减少从零开始训练模型的资源需求，提高模型的泛化能力，特别是在数据较少的场景中效果显著。

推理能力的增强是当前人工智能研究中的一个重要方向，旨在提升神经网络在复杂任务中的表现，尤其是在涉及逻辑推理和符号计算等场景中。通过结合传统的符号推理方法和引入解释性推理技术，神经网络能够在保持其强大模式识别能力的同时，具备更强的逻辑推理能力和透明度。

1. 结合符号推理：神经符号集成

神经符号集成（neuro-symbolic integration）是将神经网络与符号推理相结合的一种方法。神经网络擅长从数据中提取复杂特征并处理模式识别任务，而符号推理擅长处理明确的规则、逻辑和知识表示。通过将二者结合，AI 系统能够在需要逻辑推理、规则执行的任务中表现出更强的推理能力。例如，在自动化推理、知识图谱推理以及复杂问答系统中，神经符号集成可以处理多层次逻辑推理，同时利用神经网络的泛化能力对复杂输入进行处理。

神经符号集成的一个实际应用是深度学习与知识图谱的结合，在这种场景中，神经网络处理感知类任务（如图像和文本处理），而符号系统则用于推理和决策。其结合增强了系统的认知能力，并拓展了神经网络的适用领域。

2. 解释性推理：透明决策过程

解释性推理（explainable reasoning）是指通过引入解释性技术，使神经网络的决策过程变得更加透明。当前流行的技术包括注意力机制和特征重要性分析。注意力机制通过对输入信息赋予不同的权重，帮助我们理解网络关注了哪些信息以做出决策。例如，在自然语言处理的翻译任务中，注意力机制可以揭示模型在翻译时如何在源语言和目标语言之间对齐词语。

此外，特征重要性分析技术能够帮助揭示神经网络在处理复杂数据时，哪些特征对最终决策贡献最大。这不仅提升了模型的解释性，也提高了对其预测结果的信任度，尤其是在医疗诊断、金融风险评估等对决策透明度要求较高的领域。

通过增强推理能力，结合符号推理和解释性技术，神经网络不仅能够在复杂任务中表现得更加智能，还具备了更加可解释和透明的推理过程，推动了人工智能向更加可靠和可信的方向发展。

第 10 章　自然语言处理

10.1　分词与词性标注

10.1.1　分词

分词指将连续的文本字符串拆分为独立的词语，是自然语言处理中的基本步骤。对于词语之间没有空格分隔的语言（如中文和日文）来说，分词尤为重要。分词的结果直接影响到下游任务的效果，如机器翻译和文本分类。一个合适的分词策略能够显著提升这些任务的准确性和效率。英文依靠空格来区分单词，而中文句子则需要结合上下文、句法等信息，才能实现精准的分词，图 10-1 为一个分词的简单示例。

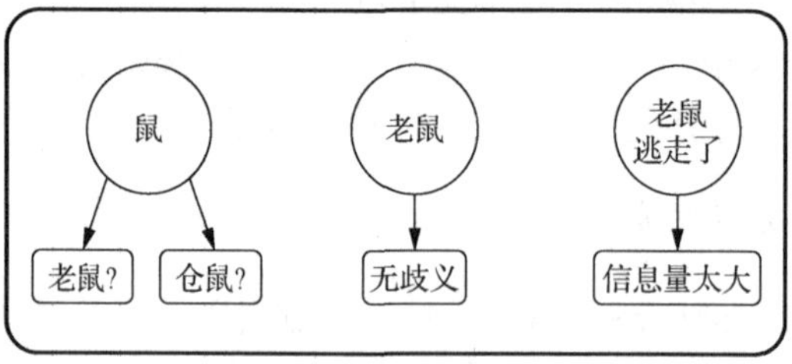

图 10-1　分词的简单示例

分词面临的主要挑战如下。

（1）歧义性：同一个句子可能存在多种分词方式。例如，“青海师范大学”可以被分为“青海/师范/大学”，也可以被分为“青海/师范大学”，这会导致句子理解上的巨大差异。

（2）未登录词处理：分词过程中可能遇到不在词典中的新词，特别是在新闻、社交媒体等快速变化的领域，未登录词（如人名、地名、科技名词）大量存在，需要专门的机制进行处理。

10.1.2　词性标注

词性标注指根据词在句子中的语法功能，将其标注为相应的词性，如名词、动词、形容词等。在自然语言处理中，词性标注具有至关重要的作用，它不仅是句法分析的基础，还在情感分析、机器翻译等任务中发挥关键作用。特别是在句法分析和信息抽取等任务中，高质量的词性标注能够帮助计算机更好地理解句子的结构和语义关系。例如，在中文句子“他喜欢跑步”中，“他”被标注为代词，“喜欢”被标注为动词，而“跑步”被标注为名词或动名词，这有助于后续任务对句子的深入理解。

词性标注面临以下挑战。

（1）多义词的词性选择：一些词可以在不同语境中扮演不同的词性角色。例如，“宽”可以作为动词使用，如“宽衣”；也可以作为形容词，如“这条路真宽”。

（2）依赖上下文的词性判断：词的词性往往依赖于上下文。例如，“吃饭”中的“吃”是动词，而在“吃得很饱”中，“吃得”整体需要特定的处理。

（3）词性标注与语义的联系：在某些情况下，准确的词性标注需要依赖于更深层次的语义理解。

10.1.3　分词与词性标注的实际应用

1. 常见的应用场景

无论是在文本分类、情感分析、信息抽取，还是在机器翻译、语音识别等任务中，分词和词性标注的准确性都直接影响最终结果。以下是几个常见的应用场景。

（1）搜索引擎：分词在搜索引擎中起着关键作用。当用户输入查询时，搜索引擎需要对查询字符串进行分词，并通过词性判断用户的搜索意图。例如，输入“北京大学招生简章”时，分词系统会将其解析为“北京大学/招生/简章”，以便更好地处理相关检索任务。

（2）情感分析：在情感分析中，分词和词性标注帮助模型理解句子的结构。例如，句子“这家餐厅的菜非常好吃”经过分词后变为“这家餐厅/的/菜/非常/好吃”，词性标注将“好吃”标记为形容词，辅助情感分类器更好地判断这是一条正面评价。

（3）机器翻译：机器翻译系统通常需要首先对输入句子进行分词和词性标注。例如，在翻译“我去图书馆看书”时，分词系统将其拆解为“我/去/图书馆/看书”，词性标注帮助系统理解“看书”作为动词使用，提高翻译质量。

（4）语音识别：语音识别系统需要将识别出的语音转换为文本，而在处理这些文本时，分词和词性标注可以提升语义理解的准确性。例如，识别到“我想去公园”后，分词和词性标注帮助系统理解“去”是动词，“公园”是名词，便于进行后续的语义分析。

2. 分词与词性标注常用的算法

1）分词常用的算法

（1）最大匹配法（maximum matching，MM）：这是最早且最简单的分词方法之一。该方法依靠词典，运用从左到右或从右到左的贪心策略来进行匹配。这意味着在分词过程中，每次选择词典中能找到的最长词。例如，对于句子“我去青海师范大学”，最大匹配法会将其分为“我/去/青海师范大学”。

（2）双向最大匹配法（bidirectional maximum matching，BMM）：为了克服单向最大匹配法的局限性，双向最大匹配法同时从左向右和从右向左进行分词。然后，通过比较两个分词结果的匹配词数量、词数等标准来选择最优的分词方案。

（3）隐马尔科夫模型（hidden Markov model，HMM）：这是一种基于统计学的方法，通过标注语料库学习每个词的出现概率及其前后词的转移概率。在 HMM 中，分词过程被视为状态转移问题。它能够处理未登录词，并具有一定的上下文信息利用能力。

2）词性标注常用的算法

（1）规则方法：最早的词性标注方法是基于语言学规则，通过构建语法规则来实现。例如，动词通常跟在主语之后，而形容词通常用于修饰前面的名词。这类方法依赖语言专家制订规则，但构建规则过程复杂，并且容易局限于特定语言。

（2）统计方法：隐马尔科夫模型是统计方法的典型代表，它通过计算词与词性之间的统计关系来进行词性标注。该方法通常需要一个大规模的标注语料库进行训练，以实现准确的标注。

（3）深度学习方法：近年来，基于神经网络的深度学习方法在词性标注中取得了显著的进展。循环神经网络、长短期记忆网络以及基于 Transformer 的预训练模型能够有效捕捉词汇的上下文信息，从而提高词性标注的准确性。尤其是像 BERT 这样的模型，能够充分利用上下文的双向信息，为处理复杂句子中的词性标注提供了极大支持。

10.2 文本分类

10.2.1 文本分类概述

文本分类（text classification）是自然语言处理中的一项重要任务，其目标是将给定的文本归入预定义的一个或多个类别。文本分类广泛应用于多种场景，如垃圾邮件检测、情感分析、新闻分类和产品评论分类等。在自然语言处理中，文本分类是一个基础性任务，其效果不仅取决于文本表示的质量，还与所采用的分类算法密切相关。文本分类主要分为以下几种形式。

（1）二分类问题：将文本划分为两个类别。一个典型应用是垃圾邮件分类，即将电子邮件分为“垃圾邮件”和“正常邮件”。

（2）多分类问题：将文本划分为多个类别。例如，在新闻分类任务中，新闻可以被分为“政治”“科技”“体育”等多个类别。

（3）多标签分类问题：文本可能同时属于多个类别。例如，一个社交媒体帖子可能既表达了正面情感，又涉及特定的主题标签。

10.2.2 文本特征表示

在文本分类任务中，将文本转换为计算机能够理解的特征形式是至关重要的。由于文本本质上是非结构化数据，不能直接输入机器学习模型中，因此文本特征表示成为文本分类的核心之一。以下是几种常见的文本特征表示方法。

（1）词袋模型（bag of words，BoW）：这是最基础的文本特征表示方法之一。该方法将文本视为词汇的无序集合，忽略词语之间的顺序和语义关系。每个词的出现或不出现用一个向量表示。其特点是简单高效，但无法捕捉词序信息和语义信息。

（2）词频-逆文档频率（term frequency-inverse document frequency，TF-IDF）模型：TF-IDF 模型是对词袋模型的改进，考虑了词语在文本中出现的频率以及在整个文档集中的稀有程度。通过降低常见词的权重（如“的”“是”），增强对文本中关键信息的表示。其特点是能够有效降低高频常用词的影响，更关注那些对文本分类更具区分度的词汇。

（3）词向量（word embeddings）：词向量通过将词语表示为连续的、低维的稠密向量，捕捉词语之间的语义关系。通过大规模语料库的训练，词向量能够学习到词语的相似性和上下文依赖关系。常见的词向量模型包括 Word2Vec、GloVe 和 FastText。特别是 Word2Vec，通过“跳字模型”和“连续词袋模型”捕捉词语的上下文信息，使得语义相似的词语在向量空间中更接近。例如，在词向量中，“国王”（king）与“女王”（queen）的向量距离较近，因为它们在许多上下文中具有类似的语义关系。

（4）预训练语言模型（pretrained language models）：近年来，基于深度学习的预训练语言模型，如 BERT、GPT 等，已成为文本表示的主流。这些模型通过大规模预训练，能够捕捉上下文之间的双向依赖关系，从而显著提升文本分类效果。BERT 通过双向 Transformer 编码器建模文本的双向上下文关系，为分类任务提供强大的特征表示；GPT 则通过自回归方式生成文本，适合一些生成式的文本分类任务。

10.2.3　文本分类的模型与算法

在将文本转化为向量表示后，选择合适的分类算法成为文本分类的核心。不同算法在不同场景中的表现各异。常用的文本分类的模型与算法如图 10-2 所示。

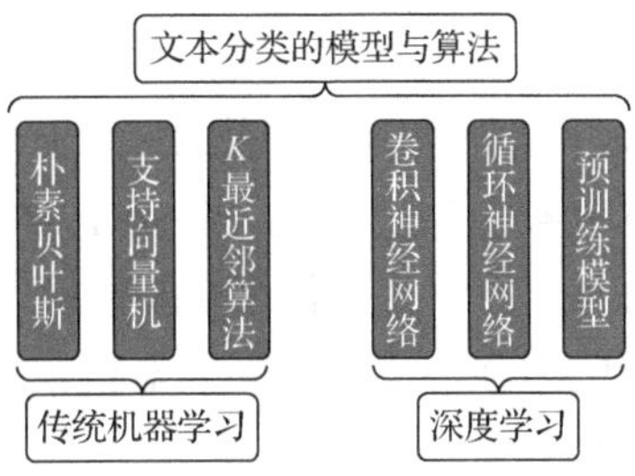

图 10-2　常用的文本分类的模型与算法

1. 传统机器学习算法

1）朴素贝叶斯

朴素贝叶斯（naive Bayes，NB）是一种基于概率的分类算法，假设每个特征对分类结果的影响是独立的，尽管这种假设在实际应用中并不总是成立。朴素贝叶斯在垃圾邮件分类等场景中表现良好。优点是简单高效，适合文本分类；缺点是假设特征独立，无法捕捉词汇间的依赖关系。

2）支持向量机

支持向量机（support vector machine，SVM）通过在高维空间中寻找最优超平面，将文本划分为不同类别。SVM 尤其适合处理高维稀疏特征（如词袋模型、TF-IDF）下的文本分类任务，其优点是能处理高维数据，且性能良好、效果稳定；缺点是对数据规模敏感，训练时间较长。

3）*K* 最近邻算法

K 最近邻（KNN）算法通过计算测试文本与训练集中文本的相似度，依照最近的 *K* 个邻居将测试文本归入相应类别。虽然直观且简单，但 KNN 在大型数据集上的时间复杂度较高，性能可能欠佳。优点是直观、简单；缺点是计算复杂度高，难以处理大规模数据。

2. 基于深度学习的模型

1）卷积神经网络

卷积神经网络虽广泛用于图像处理，但在文本分类中同样表现出色。通过将文本转换成词向量，卷积神经网络可以提取局部的 n-gram 特征，从而捕捉文本中的关键信息，特别适合短文本分类。优点是局部特征提取能力强，适合短文本；缺点是处理长文本的全局特征能力有限。

2）循环神经网络

循环神经网络通过其“记忆”机制，能够处理具有顺序依赖的文本信息，适合捕捉文本中的序列信息。对较长文本，循环神经网络保持较好的上下文理解能力。长短期记忆网络作为循环神经网络的改进版本，解决了传统循环神经网络在处理长序列时的梯度消失问题，使其在文本分类中得到更广泛应用。优点是适合处理序列数据，捕捉长距离依赖；缺点是训练时间长，计算复杂度高。

3）Transformer 模型

Transformer 模型彻底改变了自然语言处理领域。由于拥有并行计算能力和强大的上下文捕捉能力，该模型在文本分类中表现卓越。特别是 BERT 和 GPT 等预训练模型，在大规模语料库上进行预训练后，能够为下游任务提供高质量的文本表示，大大提高分类准确性。优点是上下文捕捉能力强，适合大规模语料；缺点是需要大量计算资源，训练过程复杂。

10.2.4 文本分类的实际应用

文本分类广泛应用于各类实际场景中。下面介绍一些主要的应用实例。

1. 垃圾邮件过滤

垃圾邮件过滤是文本分类的经典应用之一。分类器根据邮件内容、标题等特征，将邮件分为“垃圾邮件”和“正常邮件”。朴素贝叶斯和 SVM 模型在垃圾邮件分类中被广泛应用。

2. 情感分析

情感分析通过对用户评论、社交媒体发言等文本的情感倾向进行分类，判断其为“正面”“负面”“中性”。情感分析在市场研究、舆情监控等方面有广泛的应用。

3. 新闻分类

新闻分类是一个典型的多类别分类问题，要求系统根据新闻内容将其划分到“科技”“政治”“经济”等多个类别。通常，新闻分类结合词向量表示，并使用 SVM 或深度学习模型来实现

10.2.5 文本分类工具与平台

在实际项目中，有许多成熟的工具和平台可以帮助快速实现文本分类任务。

（1）scikit-learn：这是 Python 中最常用的机器学习库之一，支持多种文本分类算法，包括朴素贝叶斯、支持向量机、*K* 最近邻算法等。scikit-learn 提供了丰富的 API 接口，便于快速实现和部署文本分类任务。

（2）FastText：由 Facebook AI Research 团队开发的文本分类工具，特别适合用于大规模文本分类任务。FastText 实现非常高效，能够在大型数据集上快速训练和测试分类器。

（3）Keras/TensorFlow：深度学习框架 Keras 和 TensorFlow 提供了强大的神经网络工具，可以实现卷积神经网络、循环神经网络、长短期记忆网络等模型，适合处理复杂的文本分类任务。

（4）Hugging Face Transformers：Hugging Face 的 Transformers 库提供了大量预训练的模型，这些模型可以用于文本分类任务。通过简单的微调，这些模型可以应用于不同的场景中，大大简化了文本分类的实现过程。

10.3 自 动 摘 要

10.3.1 自动摘要概述

自动摘要（automatic summarization）是自然语言处理中的一项重要应用，其目的是通过计算机自动生成文本的简短版本，同时保留原文的主要信息，无须人工编写。自动摘要技术的目标是在不丢失关键信息的前提下，生成简洁且连贯的摘要，从而显著提高信息处理效率。随着互联网信息的爆炸式增长，自动摘要在新闻摘要、科学文献综述、法律文档提取等领域展现出巨大的应用潜力。

自动摘要根据生成方式可以分为两大类：抽取式摘要（extractive summarization）和生成式摘要（abstractive summarization）。

10.3.2 抽取式摘要

抽取式摘要技术通过选择原始文本中的重要句子，并将它们按特定顺序组合成摘要。这种方法直接使用原文中的句子，因此可以避免语法错误，生成的摘要通常在语法上较为准确。然而，抽取式摘要可能无法有效地概括信息，而只是简单地将原文的某些部分拼凑在一起。

1. 基于关键词提取的抽取

一种常用的抽取式摘要方法是通过关键词提取来识别文本中的关键信息。关键词的频率和重要性可以帮助系统选择最能代表文本核心内容的句子。例如，通过提取文本中具有高 TF-IDF 分值的词所在的句子，可以生成较为准确的摘要。另外，通过将每个句子表示为向量并计算句子之间的相似性，可以提取出最具代表性的句子构成摘要。

2. 基于重要句子的抽取

另一种方法是通过分析句子的相对重要性来选择最能代表原文主旨的句子。常见的技术包括位置权重和 TextRank 算法。

（1）位置权重：研究表明，文章的开头和结尾的句子往往包含更多核心信息。因此，可以根据句子在文档中的位置进行评分，将这些句子视为摘要的候选。

（2）TextRank 算法：TextRank 是一种基于图的排序算法，类似于 Google 的 PageRank。它将句子视为图中的节点，并根据句子之间的相似性（如词汇重叠率）来构建边。通过计算每个节点的“重要性”，可以确定哪些句子的摘要最具代表性。TextRank 通常用于无监督的摘要生成任务，不依赖于人工标注的数据。例如，将句子“淡黄的长裙，蓬松的头发 牵着我的手”分词为“淡黄 长裙 蓬松 头发”和“牵 我手”，可以用如图 10-3 所示的方法来呈现其结构。

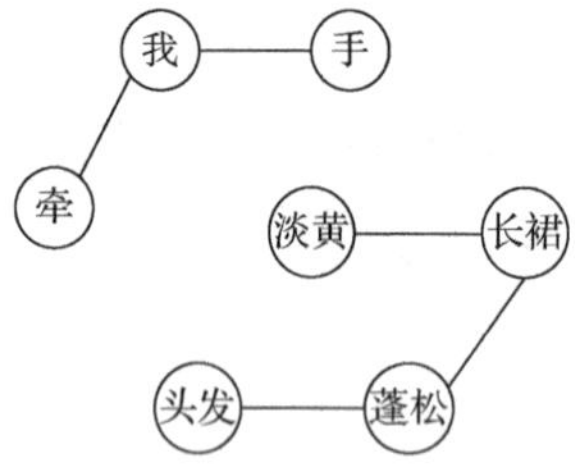

图 10-3 TextRank 生成示例的无权无向图

10.3.3 生成式摘要

生成式摘要与抽取式摘要不同，它不仅仅是从原文中提取句子，而是通过深入理解文本内容，生成新的、连贯的表达。这种方法更接近于人类撰写摘要的方式，但其实现也更加复杂。

1. 生成式摘要的主要方法

（1）基于序列到序列模型的生成式摘要：序列到序列模型（Seq2Seq）是生成式摘要的基本架构之一，最初用于机器翻译任务。Seq2Seq 模型由编码器和解码器两部分组成。编码器负责读取输入文本，并将其转换为固定长度的上下文向量，以表示原文的语义信息。解码器则利用编码器提供的上下文向量，逐步生成摘要的每个词，直到结束标志为止。

（2）基于注意力机制的生成式摘要：注意力机制是对 Seq2Seq 模型的改进。它允许模型在生成摘要时动态地“关注”原文中最相关的部分。传统的 Seq2Seq 模型在编码长文本时，容易遗漏关键信息，而注意力机制通过在每次生成时参考原文的不同部分，增强了摘要生成的准确性。全局注意力机制在生成每个词时参考整个输入序列，而局部注意力则只关注输入序列的一部分。全局注意力在文本摘要任务中应用广泛，特别是在处理长文本时，可以有效提高摘要质量。

（3）基于 Transformer 模型的生成式摘要：Transformer 模型完全摒弃了循环神经网络，仅使用注意力机制处理序列数据。在自动摘要领域，Transformer 模型的应用效果显著，尤其是其预训练版本（如 BERT、T5、BART 等），为文本生成任务带来了突破性进展。BERT 是一个双向 Transformer 模型，通过在大规模无监督数据上进行预训练，能够捕捉句子上下文的丰富语义。通过微调，BERT 可以生成与原文语义相关的简明摘要。BART（bidirectional and auto-regressive transformer）结合了 BERT 和 GPT 的优点，在生成式摘要任务中表现尤为出色。它在预训练过程中学习句子的双向依赖关系，并通过自回归解码器生成连贯的摘要。

2. 生成式摘要的挑战

尽管生成式摘要在理论上比抽取式摘要更具灵活性和自然性，但也面临一些挑战。

（1）生成语法错误：生成的句子有时可能存在语法错误，特别是在处理长文本时，模型难以维持句子之间的连贯性。

（2）信息丢失或错误：生成式摘要模型有时可能忽略关键信息，或者引入原文中不存在的内容，从而导致摘要不准确。

（3）高要求的模型训练：生成式摘要需要大量高质量的训练数据和庞大的计算资源，以确保生成的摘要具有意义。

10.3.4 自动摘要技术的实际应用

自动摘要技术具有广泛的应用场景，尤其是在处理海量文本信息时，能够显著提升工作效率。以下是一些实际应用领域。

1. 新闻摘要

新闻媒体每天生成大量信息，自动摘要技术可以帮助创建简洁的新闻摘要，方便读者快速浏览。Google News 等平台已经应用了此技术，为读者提供简明的新闻概览。

2. 科学文献摘要

学术研究领域的文献数量庞大，研究者通常需要阅读众多论文以了解某一领域的最新进展。自动摘要技术能够快速生成每篇论文的概要，提取其中的创新点和结论，帮助研究者节省时间。

3. 法律文档摘要

在法律领域，自动摘要技术可用于精简大量法律文档，将关键判决、条款等信息提取出来，为律师、法官等提供简化的参考资料。

4. 社交媒体摘要

在社交媒体平台上，自动摘要能从大量帖子、评论或对话中提取关键信息。这对舆情监控和市场调研具有重要价值，能够快速捕捉用户对品牌或事件的核心观点。

10.4 知 识 图 谱

10.4.1 知识图谱的概念

知识图谱（knowledge graph，KG）是一种结构化的知识表示形式，通过表示实体及其之间的关系，将分散、异构的信息进行整合，从而形成一个庞大的语义网络。它不仅包括实体（如人物、地点、事件等），还包括实体之间的关系。这种网络结构能够让机器像人类一样理解事物间的关联，为信息检索、智能问答、推荐系统等提供有力的支持。

知识图谱的构建不仅包括数据的收集与存储，还涉及如何从海量的文本中提取知识，并将其结构化表示为语义网络。图 10-4 为带有语义信息的知识图谱示例。谷歌在 2012 年推出了 Google Knowledge Graph，从此知识图谱成为人工智能和自然语言处理的热门研究领域。

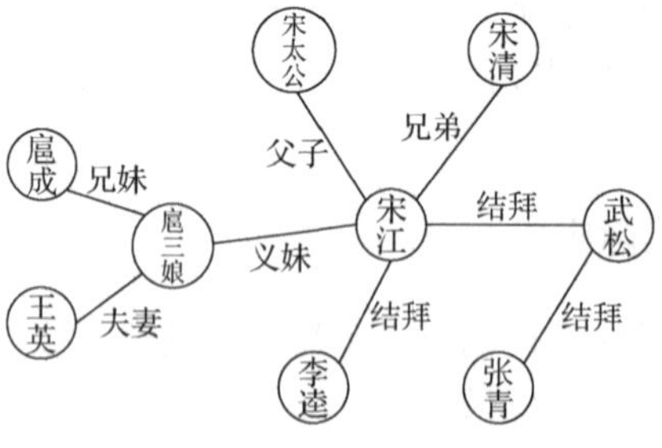

图 10-4 带有语义信息的知识图谱示例

知识图谱包括以下基本构成要素。

（1）实体（entity）：知识图谱中的节点，表示真实世界中的事物。例如，“乔布斯”、“苹果公司”和“iPhone”等都是实体。

（2）关系（relation）：实体之间的边，描述两个实体之间的语义关系。例如，“乔布斯创立了苹果公司”中的“创立”是实体“乔布斯”和“苹果公司”之间的关系。

（3）属性（attribute）：每个实体的具体信息。例如，“苹果公司”的成立时间是“1976 年”，这是“成立时间”属性的值。

10.4.2　知识图谱的构建

构建知识图谱的过程是将非结构化文本信息转化为结构化的知识网络。通常，这一过程包括以下三个主要步骤。

1. 信息抽取

信息抽取（information extraction，IE）是知识图谱构建的基础步骤，其目标是从大量非结构化文本（如网页、文档）中自动提取有用的结构化信息，包括实体、关系和属性。

（1）命名实体识别（named entity recognition，NER）：命名实体识别是一种从文本中识别实体的过程。常见的实体类型包括人名、地名、组织名、时间和日期等。例如，在句子“苹果公司由乔布斯创立”中，需要识别出“苹果公司”和“乔布斯”这两个实体。实现方法包括规则基方法（如正则表达式）、统计模型（如隐马尔可夫模型）和深度学习方法（如 BiLSTM）。

（2）关系抽取（relation extraction，RE）：关系抽取用于识别文本中实体之间的关系。例如，在“乔布斯创立了苹果公司”中，关系是“创立”。关系抽取的任务是确定两个实体之间的语义关系。实现方法有基于规则的方法、基于统计的方法（如条件随机场）以及基于深度学习的方法（如 BERT、Transformers）。

（3）属性抽取：属性抽取的目标是从文本中提取实体的特定属性。例如，对于实体“苹果公司”，可以提取“成立时间”、“CEO”和“总部所在地”等属性。这通常通过规则模板或基于机器学习的分类器来实现。

2. 知识融合

知识融合（knowledge fusion）是整合来自多个数据源的异构知识，以消除冗余、解决矛盾并确保数据一致性的过程。在构建知识图谱时，通常需要处理来自多个不同数据源的信息，如维基百科、社交媒体和企业数据库等。这些信息可能存在冲突，因此，需要通过知识融合技术来清理数据，解决多源信息中的不一致问题。知识融合通常包括以下几个方面。

（1）实体消歧：在不同数据源中，相同实体可能会有不同的名称或表达方式。例如，“乔布斯”和“Steve Jobs”指的是同一实体。知识图谱通过语义分析和上下文理解来识别和统一这些不同的表达，以确保它们指向同一个实体。

（2）知识去重：该步骤旨在去除重复的知识项。例如，当不同来源的知识库中存在相同的实体和关系时，通过去重来优化图谱结构。

（3）冲突解决：当来自不同来源的信息存在冲突（例如，“乔布斯”的出生日期在不同文档中不一致）时，可以通过评估数据的置信度和来源的权威性来选择最可信的知识项。

3. 知识存储与表示

在知识图谱中，知识通常以 RDF（resource description framework）三元组的形式进行表示。一个 RDF 三元组由主语（subject）、谓语（predicate）和宾语（object）组成，用于表达一个简单的事实。例如，一个 RDF 三元组可以表示为“乔布斯创立了苹果公司”，其中“乔布斯”是主语，“创立”是谓语，“苹果公司”是宾语。这种表示方式能够清晰地描述实体及其之间的关系。

知识图谱的存储通常依托于专门设计的图数据库，如 Neo4j 和 Amazon Neptune 等。这类数据库在处理复杂的关系型数据方面具有显著优势，能够高效地执行基于图结构的查询操作，适用于大规模知识网络的存储和检索。

此外，知识图谱的表示还可以利用本体论（ontology）进行更高层次的描述。本体论是一种对概念、关系以及规则的规范化表示，它为知识图谱提供了逻辑推理的基础。在 Web 本体语言（Web ontology language，OWL）中，可以对实体及其关系进行更加严谨的定义和推导，从而实现复杂语义的推理功能，进一步增强知识图谱的表达能力和应用价值。

10.4.3 知识图谱的应用

知识图谱构建的结构化语义网络，使得机器能够更好地理解数据之间的关系和语义信息，从而在众多实际场景中获得广泛应用。以下是知识图谱的主要应用领域。

1. 搜索引擎

知识图谱在搜索引擎中的应用是其最为典型和广泛的应用之一。通过 Google Knowledge Graph 等系统，搜索引擎可以利用知识图谱为用户提供更加丰富、语义化的答案。例如，当用户搜索“乔布斯”时，搜索引擎不仅返回包含“乔布斯”的网页链接，还展示乔布斯的简介、成就、创立的公司等结构化信息。借助知识图谱，搜索引擎能够从传统的关键词匹配模式转变为语义理解模式，直接为用户提供基于实体和关系的答案，而不再仅仅依赖关键词。

2. 智能问答系统

知识图谱为智能问答系统提供了强大的知识支撑，使系统能够基于结构化的知识网络，准确回答用户的提问。例如，虚拟助手（如 Siri、Alexa）利用知识图谱理解用户问题中的实体和关系，从而给出更准确的回答。当用户提问“某公司 CEO 是谁”时，系统通过识别问题中的实体“公司”和关系“CEO”，可以在知识图谱中快速找到答案并反馈给用户。知识图谱在这种语义问答任务中，大大提升了智能问答系统的准确性和知识广度。

3. 推荐系统

推荐系统通过知识图谱中的实体和关系，能够构建基于语义关联的个性化推荐。传统推荐系统依赖用户的行为数据（如点击、评分），而知识图谱通过分析用户与知识图谱中实体的关系，为用户提供更精准、语义化的推荐。例如，在视频推荐中，知识图谱可以根据电影的演员、导演、影片类型等信息，推断出用户可能喜欢的其他影片，从而实现更具深度的个性化推荐。

4. 医疗健康领域

在医疗健康领域，知识图谱被用于构建医学知识库，帮助医生快速访问关于疾病、药物、症状等的结构化知识。通过知识图谱，医疗系统可以实现更加精确的诊断支持，基于患者的症状、病史等信息，推断可能的疾病和治疗方案。例如，通过将患者的症状与知识图谱中的疾病实体和关系匹配，系统可以推荐相关的检查、药物和治疗方案。这种应用有助于提高诊断效率，尤其是在大规模数据的医疗系统中。

10.5 智能问答

10.5.1 智能问答系统的概念

智能问答系统（intelligent question answering system，IQA）是一项能够自动回答用户问题的人工智能技术。它通过理解和分析用户提出的自然语言问题，从可用的数据源（如知识库、文档、网页、数据库等）中提取相关答案，并以自然语言形式反馈给用户。与传统的信息检索系统不同，智能问答系统不仅限于返回与问题相关的文档或网页，而是直接提供具体答案。

智能问答系统可以基于多种数据源进行回答，主要包括以下两种类型。

（1）开放域问答：系统从互联网、知识图谱等开放数据源中提取答案，能够处理各种类型的问题，覆盖广泛的领域。Google 和 Siri 等都是典型的开放域智能问答系统。

（2）封闭域问答：系统在特定领域的数据集上运行，专注于回答该领域相关的问题。例如，医疗问答系统致力于提供健康和医学方面的回答。

10.5.2 智能问答系统的类型

1. 基于知识库的问答系统

基于知识库的问答系统依托于预先构建的知识图谱或结构化数据库，通过从这些数据中提取答案来回答问题。这类系统在拥有丰富领域知识的情况下表现尤为出色。例如，在医疗领域，知识图谱能够提供关于疾病、药物和治疗等方面的准确答案。其工作流程通常如下。

（1）问题理解：系统首先对问题进行自然语言处理，识别出问题中的实体（如人名、地名、时间等）和意图。

（2）知识库查询：基于识别的实体和关系，系统从知识库中检索相关数据。

（3）答案生成：从知识库中获取结构化答案，并以自然语言的形式呈现给用户。

2. 基于信息检索的问答系统

基于信息检索的问答系统使用大规模的非结构化文档库（如网页、文章、数据库等），通过信息检索技术从文本中找到与问题相关的段落或句子。这类系统无须预先构建知识图谱，因此适用于更广泛的领域。其工作流程通常如下。

（1）问题理解：系统首先对问题进行分析，提取关键词、意图和句法结构等。

（2）文档检索：利用信息检索算法（如 BM25、TF-IDF、ElasticSearch 等），从文档库中检索出与问题最相关的文档或片段。

（3）答案抽取：从检索到的文档中提取答案段落或句子，并对其进行排序和过滤，最终返回最可能的答案。

3. 基于生成的问答系统

基于生成的问答系统通过自然语言生成模型（如 Seq2Seq 模型、Transformer 等），在理解问题后生成全新的答案，而不是从现有文档或知识库中提取答案。这种方法在某些应用场景下更为灵活，因为它可以根据上下文生成连贯的答案，但同时也面临生成内容不够准确或存在信息错误的挑战。

生成式问答系统通常依赖大型预训练模型（如 GPT、BART、T5 等），这些模型经过大量文本语料的训练，能够理解并生成多种语言内容。例如，GPT 系列模型可以生成基于问题上下文的自然语言答案，适用于对话系统和开放域问答场景。

10.5.3 问答系统的关键技术

智能问答系统的实现依赖于多种自然语言处理技术和人工智能算法。以下是实现问答系统的关键技术。

1. 自然语言理解

自然语言理解（natural language understanding，NLU）是智能问答系统的基础。通过 NLU 技术，系统能够理解问题的语义，识别其中的实体、意图和关系。NLU 涉及以下技术。

（1）分词与词性标注：将用户的问题拆分为独立的词汇单元，并标注词性，确定每个词的语法角色。

（2）句法分析：理解问题中的主语、谓语、宾语等语法成分，确定问题的逻辑结构。

（3）语义角色标注：识别问题中的动作及其相关的参与者角色（如动作的发起者、接收者、对象等）。

2. 问题分类与意图识别

智能问答系统需要根据问题的类型和用户意图选择合适的回答策略。例如，问题可以分为事实类问题（如“乔布斯的出生日期？”）和复杂的推理问题（如“乔布斯为何离开苹果公司？”）。意图识别通过分析用户问题的结构和语义，确定问题的类型和回答的形式。一般使用机器学习模型对问题进行分类，确定问题是请求信息的（如事实问题）还是请求操作的（如命令问题）。

3. 答案生成与信息检索

一旦问题被理解，系统则需要在相关的数据源中查找答案。对于基于检索的问答系统，这一步通常使用信息检索技术。

（1）倒排索引：用于快速从大规模文档库中检索出与问题关键词相关的文档。

（2）文档评分：通过相似度计算对文档进行打分，选择与问题最相关的文档。

（3）答案抽取：使用深度学习模型从文档中抽取出最可能的答案句子。

对于基于生成的问答系统，答案是通过生成模型（如 Transformer 架构的 Seq2Seq 模型）在自然语言上下文中逐字生成的。这种技术适合复杂、开放式问题的回答。

10.5.4 智能问答的实际应用

1. 虚拟助手

虚拟助手（如 Apple Siri、Google Assistant、Amazon Alexa）是智能问答系统的典型应用。它们通过语音识别技术接受用户的语音输入，并利用问答系统理解用户的问题并提供语音回答。虚拟助手结合信息检索、知识库问答和生成式问答技术，能够处理各种问题，包括天气查询、路线规划、设备控制等。

2. 客户服务

智能问答系统在客户服务领域的应用大大提高了企业处理用户问题的效率。企业通过部署智能客服机器人，可以自动回答常见问题（如订单查询、产品信息、故障排查等），节省了大量人力成本。对于复杂问题，智能问答系统还能辅助人工客服，快速提供解决方案。

3. 教育与在线学习

智能问答系统被广泛应用于在线教育平台。学生可以通过问答系统提问，系统从教学资料、教材或知识库中提取答案，帮助学生自主学习。例如，智能教育平台可以通过问答系统提供即时答疑服务，回答学生对课程内容的疑问。

4. 医疗健康

在医疗健康领域，智能问答系统可以为医生和患者提供健康建议、诊断支持和医学知识库的快速查询。例如，患者可以通过问答系统输入症状，系统从医学知识库中提取相关的疾病、治疗方案和健康建议。此类应用极大提升了医疗信息的获取效率，帮助患者更好地理解自身健康状况。

10.6 机器翻译

10.6.1 机器翻译的概念与发展

机器翻译（machine translation，MT）是人工智能和自然语言处理领域中的一项关键任务，其目标是利用计算机自动将文本从一种语言转换为另一种语言。这一过程不仅涉及语言的词汇、语法和句法规则，还需要对上下文、文化差异等更深层次的语言特性进行理解。机器翻译的发展历程可以大致分为以下三个阶段。

1. 基于规则的机器翻译

早期的机器翻译系统主要采用基于规则的方法。基于规则的机器翻译（rule-based machine translation，RBMT）通过编写大量的语言学规则和词汇表，将源语言逐字逐句翻译成目标语言。RBMT 系统通常由以下几个组件构成。

（1）词汇转换：逐个将源语言的词转换为目标语言的对应词。

（2）语法规则：使用语言学家手工设计的语法转换规则，处理源语言和目标语言在句法上的差异。

（3）词序调整：根据目标语言的语法要求重新排列句子的词序。

2. 统计机器翻译

随着计算能力的提升和语言数据的增多，在 20 世纪 90 年代，统计机器翻译（statistical machine translation，SMT）逐渐成为主流。SMT 不再依赖于人工编写的规则，而是基于统计模型，从大规模的双语平行语料库中学习翻译模式。在 SMT 中，翻译被看作一个概率最大化问题。假设给定源语言句子 S，系统要找到目标语言中的最佳翻译句子 T，则最佳翻译句子是使得 $P(T|S)$ 最大的句子。使用贝叶斯公式，可以分解为

$$P(T|S) = P(S|T) \cdot P(T) \tag{10-1}$$

其中，$P(S|T)$ 是翻译模型，表示源句子 S 在目标句子 T 中出现的概率；$P(T)$ 是语言模型，表示目标句子 T 合法性的概率。

3. 神经机器翻译

神经机器翻译（neural machine translation，NMT）是近年来机器翻译领域的一项突破性进展。与 RBMT 和 SMT 不同，NMT 不依赖显式的规则或统计模型，而是通过深度学习模型从大规模数据中自动学习翻译模式。NMT 采用端到端的神经网络模型，直接将源语言句子映射到目标语言句子，大幅提升了翻译的流畅性和准确性。

NMT 的优势包括以下几个方面。

（1）上下文建模能力强：NMT 通过深度神经网络捕捉句子中的上下文信息，生成更连贯、更流畅的翻译。

（2）减少人工干预：与 RBMT 需要编写大量规则不同，NMT 依赖大规模数据进行自动学习，无须语言专家的参与。

（3）性能优越：在处理多语言、长句子和复杂结构的翻译任务时，NMT 通常表现优于 SMT。

10.6.2　神经机器翻译的技术架构

NMT 依赖于深度学习模型的端到端架构，其中典型的 NMT 模型由编码器和解码器组成，它们通过共享的上下文向量实现翻译。以下是 NMT 的核心技术架构。

1. 基于序列到序列模型的 NMT

序列到序列模型构成了 NMT 的基础架构。其核心思想是将源语言句子视为输入序列，通过编码器将其转换为向量表示，然后利用解码器逐步生成目标语言的输出序列。编码器通常由多个循环神经网络单元构成，负责逐词读取源语言句子，并生成一个包含整个句子语义信息的上下文向量。解码器接收编码器提供的上下文向量，并根据上下文逐步生成目标语言的翻译。

然而，序列到序列模型在处理长句子时表现欠佳，因为固定长度的上下文向量难以完整表示长句子的信息。为解决这一问题，注意力机制被引入 NMT 系统中。

2. 基于注意力机制的 NMT

注意力机制是对序列到序列模型的改进，旨在解决上下文信息的瓶颈问题。它允许解码器在翻译每个词时动态地“关注”源语言句子的不同部分，而不再依赖单一的上下文向量。

注意力机制显著提升了长句翻译效果，使 NMT 模型能够更好地处理复杂句子结构和长距离依赖。

3. 基于 Transformer 模型的 NMT

Transformer 模型是 NMT 领域的革命性技术。与循环神经网络依赖时间序列的处理方式不同，Transformer 完全依赖注意力机制，摒弃了循环神经网络的循环结构，从而显著提升了并行计算效率和模型性能。

Transformer 模型不仅在翻译任务中表现卓越，还成为预训练语言模型（如 BERT、GPT）的核心架构，极大推动了自然语言处理领域的进展。

10.6.3　机器翻译的实际应用

机器翻译在现实世界中有着广泛的应用，特别是在全球化的背景下，多语言交流的需求日益增长。以下是一些典型的机器翻译应用场景。

1. 实时翻译

实时翻译是机器翻译技术在日常生活中的直接应用。随着智能手机和互联网的普及，实时翻译工具已成为跨语言交流的便捷方式。用户可以通过语音或文本输入进行翻译，系统会自动将源语言转换为目标语言。典型的例子包括 Google 翻译、百度翻译等。

2. 教育与学习

机器翻译在教育和语言学习领域的应用也日益普遍。学生和语言学习者可以利用翻译工具来理解外文资料、撰写外语文章，并提升语言能力。例如，翻译工具，如 Google 翻译，常被语言学习者用作词典或句子翻译的辅助工具。学习者可以通过翻译不同语言的句子来理解外语的语法和词汇使用。

3. 翻译辅助系统

在专业领域，如法律和医疗，准确的翻译尤为重要。机器翻译可以帮助专业人员快速翻译外文文献、法规、病例报告等，提高工作效率。然而，由于这些领域的术语和表达方式高度专业化，纯粹依赖机器翻译仍存在一定的风险，因此通常结合人工校对来确保翻译的准确性和可靠性。例如，在国际法务中，法律文件的翻译需求巨大，机器翻译能够大大加速合同、法规、判例等文献的初步翻译工作。法律翻译不仅涉及语言的转换，还需精确保留法律概念和措辞的严谨性，因此往往结合翻译记忆库和术语库进行专业处理。

10.7 语音识别

10.7.1 自动语音识别的概念和工作流程

自动语音识别（automatic speech recognition，ASR）是自然语言处理和人工智能领域的一项重要任务，其目标是将人类语音输入转换为可理解的文本。语音识别技术旨在使计算机能够听懂并识别口语，并将其转化为可进一步处理的文本信息。这项技术在多个领域得到了广泛应用，包括智能助手（如 Siri、Google Assistant、Alexa）、语音转文字、语音搜索、实时字幕生成等。

语音识别系统的工作流程通常包括以下几个步骤。

（1）语音信号处理：对输入的语音信号进行预处理，包括去噪、分段和特征提取。

（2）声学模型：将语音信号中的声学特征与语言中的音素（基本语音单元）进行匹配。

（3）语言模型：根据语法和词汇规则，识别单词和句子结构，生成连贯的文本。

（4）解码：根据声学模型和语言模型的结果，最终生成最佳匹配的文本。

10.7.2 语音识别的关键技术

语音识别的实现依赖于多个技术模块，从语音信号的处理到最终的文本生成，每个环节都至关重要。以下是语音识别系统的关键技术。

1. 语音信号处理

语音信号处理是语音识别的第一步，旨在将输入的语音波形信号转换为计算机可以处理的特征表示。由于语音是一种连续的、非结构化的信号，因此需要通过特征提取来简化信号的表示，去除不必要的信息。信号处理包括以下主要步骤。

（1）预处理：通过滤波和去噪技术，减少背景噪声的影响，提高语音信号的质量。

（2）分帧与加窗：将连续的语音信号分成若干小段（帧），每一帧通常持续 20～40 毫秒。每一帧可以用特定的数学函数（如汉明窗）处理，以减少信号之间的干扰。

（3）特征提取：最常见的特征提取方法是梅尔频率倒谱系数和梅尔倒谱系数，它们能够捕捉到人类听觉系统对不同频率的感知特性，将语音信号转换为一系列频率特征。

（4）端点检测：确定语音信号的开始和结束，以便从长时间的音频流中提取语音片段。

2. 声学模型

声学模型是语音识别系统的核心组件，它负责将处理后的语音特征与语言的基本语音单元（如音素）进行匹配。声学模型基于统计模型或深度学习模型来估计语音信号和音素之间的概率分布。

（1）基于隐马尔科夫模型的声学模型：隐马尔科夫模型曾是语音识别中的主流模型。它将语音信号的特征与音素之间的转换过程建模，能够很好地处理语音信号的时间序列特性，并根据不同状态（音素）的转换来生成语音的概率序列。

（2）基于深度神经网络的声学模型：近年来，深度学习技术在语音识别中得到了广泛应用，尤其是卷积神经网络和循环神经网络。这些模型通过自动学习语音信号中的特征，能够在复杂的语音信号和音素之间建立更准确的映射关系。深度学习模型提高了语音识别的准确性，特别是在噪声环境下。

3. 语言模型

语言模型的作用是将声学模型生成的音素或单词序列转化为连贯的句子。它通过根据上下文预测下一个单词或词序列的概率，确保生成的句子在语法上合理。

（1）基于 N 元语法模型的语言模型：N 元语法是最常用的传统语言模型，它通过计算源文本中连续出现的 N 个单词的频率来估计单词序列的概率。例如，三元语法会考虑前两个单词以预测下一个单词。虽然 N 元语法模型简单且有效，但由于无法捕捉长距离依赖，其表现有一定局限性。

（2）基于神经网络的语言模型：随着深度学习的兴起，循环神经网络和长短期记忆网络等神经网络模型被引入语言建模中。这些模型能够捕捉句子中的长距离依赖关系，从而提升语音识别在生成文本时的流畅性和连贯性。

4. 解码

解码是语音识别系统中将声学模型和语言模型的结果结合，最终生成最佳匹配文本的关键步骤。它是语音识别的最后一环，也是将多种不确定性转化为确定输出的过程。

解码的核心任务是寻找最可能的词序列 $\boldsymbol{W}$，使得给定语音特征 $\boldsymbol{X}$ 的条件概率 $P(\boldsymbol{X}|\boldsymbol{W})$ 最大化。依据贝叶斯公式，这一任务可以表述为

$$P(\boldsymbol{W} \mid \boldsymbol{X}) \propto P(\boldsymbol{X} \mid \boldsymbol{W}) P(\boldsymbol{W}) \tag{10-2}$$

其中，$P(\boldsymbol{X} \mid \boldsymbol{W})$ 是声学模型提供的语音特征与词序列之间的匹配概率；$P(\boldsymbol{W})$ 是语言模型计算的词序列先验概率。解码器通过综合这两个概率，生成语义合理且声学匹配的文本输出。

10.7.3 语音识别的实际应用

语音识别技术广泛应用于多个领域，提升了人机交互的便捷性。以下是一些典型的实际应用场景。

1. 智能语音助手

智能语音助手（如 Apple 的 Siri、Google Assistant 和 Amazon Alexa）是语音识别最常见的应用之一。这些语音助手利用语音识别技术与用户进行自然语言对话，执行指令（如拨打电话、发送信息、设置提醒等），并通过语音提供反馈。用户只需通过语音输入即可与设备进行交互，大大提高了操作的便捷性和效率。例如，苹果的 Siri 通过语音识别技术解析用户命令，并利用自然语言理解和生成技术与用户互动，能够处理复杂的语音输入并提供个性化建议；Google Assistant 整合了 Google 搜索的强大功能，能够识别用户的语音问题并提供准确的答案，同时支持多种语言和多模态交互。

2. 语音转文字

语音转文字（speech-to-text，STT）是语音识别的一项基础应用，用于将语音内容自动转换为文本。它被广泛应用于会议记录、采访转录、新闻直播字幕、字幕生成等场景。例如，在企业会议中，语音识别技术能够实时将会议发言转换为文本，生成会议记录，从而提升记录效率；在新闻直播中，语音识别技术可以自动生成字幕，让观众在各种环境中实时获取信息，尤其在无法使用声音的场合更为便利。

3. 语音控制

语音识别技术也广泛应用于智能家居和设备控制。用户可以通过语音指令来控制灯光、温度、家电等设备，实现无接触式控制。例如，作为 Amazon Echo 设备的语音助手，Alexa 允许用户通过语音指令控制智能家居设备，如调整温度、播放音乐、查询天气等。

10.8 情感计算

10.8.1 情感计算的概念

情感计算（affective computing）是指通过技术手段识别、分析和处理人与情感相关的信息，使得计算机能够理解、模拟甚至表达情感。作为自然语言处理中的一个重要分支，情感计算旨在让计算机能够感知和理解文本、语音、图像中的情感信息，帮助解决涉及人类情感的各种应用问题。情感计算涉及多个学科，包括心理学、语言学、计算机科学等，广泛应用于社交媒体分析、用户情绪反馈、市场调研、心理健康评估等领域。

情感计算的核心任务是从各种形式的非结构化数据（如文本、语音、视频）中识别出情感特征，并据此进行分类或生成情感反馈。例如，在文本情感分析中，系统可以通过分析用户的评论、社交媒体内容等文本信息，判断其情感倾向是正面的、负面的还是中性的。

10.8.2　情感分析的技术

情感计算涉及多种技术，涵盖从基础的情感识别到更高级的情感预测和生成。以下是情感计算中常用的技术框架和方法。

1. 基于规则的情感分析

基于规则的情感分析是情感计算的早期方法之一。这种方法依赖于预定义的词典和语言学规则，通过识别文本中的情感词汇和符号来判断文本的情感倾向。通常使用的情感词典（如 SentiWordNet 或 Harvard 情感词典）用来分析文本中是否包含积极或消极的词语。

（1）情感词典：情感词典包含大量带有情感倾向的词汇和短语，每个词被标注为正面、负面或中性。例如，“好”被标注为正面，“差”被标注为负面。通过计算文本中正面和负面词汇的频率，系统可以初步判断文本的情感倾向。

（2）情感规则：除了词汇本身，基于规则的方法还使用句法结构和上下文中的情感规则。例如，否定词（如“不”）和强调词（如“非常”）的出现可以影响句子的情感方向。规则系统通过解析句子的语法结构来处理这些修饰词，从而提高情感分析的准确性。

（3）局限性：基于规则的方法依赖于预设的词典和规则，因此难以处理语言中的复杂情感表达，如讽刺和幽默。此外，该方法对领域特定的语言和词汇变化不敏感，因而在面对新领域或未见过的表达时，效果可能较差。

2. 基于传统方法的情感分析

基于传统机器学习的情感分析通过训练分类器模型从数据中自动学习情感模式，而不依赖预定义的规则和词典。这种方法利用标注好的情感数据集，将情感分析问题建模为监督学习的分类任务：给定一段文本，分类器需要判断其情感倾向是正面、负面还是中性。

在情感分析过程中，特征提取是至关重要的步骤，机器学习模型的性能很大程度上取决于文本特征的表示。

传统机器学习方法的局限性在于它们依赖于手工设计的特征，难以捕捉上下文和长距离的依赖关系。此外，在处理复杂句式（如讽刺、隐喻）和多义词方面，这些模型的表现较为欠缺。

3. 基于深度学习的情感分析

随着深度学习技术的不断进步，基于深度学习的情感分析已经成为当前的主流方法。这种技术能够自动从数据中提取复杂的情感特征，尤其是通过对文本上下文信息的建模，大幅提升了情感分析的准确性。以下是一些常用的深度学习模型。

1）卷积神经网络

卷积神经网络擅长从局部窗口中提取特征，因此在情感分类任务中，常用于捕捉 *n*-gram 级别的局部信息。通过多层卷积层，卷积神经网络对文本进行特征提取，并利用池化层来减少特征维度。尽管在捕捉局部模式时表现出色，但卷积神经网络在处理长距离依赖方面仍有限制。通常情况下，基于卷积神经网络的情感分析模型包括以下步骤。

（1）文本表示：首先，将文本转换为向量化表示（如词嵌入）。常用的词嵌入方法包括 Word2Vec、GloVe 和 FastText。通过嵌入层，文本被表示为一个二维矩阵，其中每一行代表一个词的嵌入向量。

（2）卷积层：卷积层通过不同大小的卷积核（如 2-gram、3-gram、4-gram）提取文本中的局部特征。卷积核的高度通常等于 *n*-gram 的窗口大小，而宽度等于词嵌入的维度，这样每个卷积操作可以捕捉到相邻词之间的关系。

（3）池化层：最大池化（max-pooling）常用于文本情感分析，以选择卷积结果中最显著的特征。通过池化操作，模型能够自动聚焦于句子中具有强烈情感倾向的词组或片段。

（4）全连接层：卷积和池化后的特征向量被展平并传递到全连接层，全连接层将提取的关键特征映射到情感分类标签。

（5）分类层：最后一层通常使用 Softmax（用于多分类）或 Sigmoid（用于二分类）函数来输出情感类别。

2）循环神经网络

循环神经网络通过循环连接的结构，将当前时间步的输入与之前时间步的信息结合起来，从而捕获文本序列中的上下文关系。这一特性使循环神经网络特别适合于处理自然语言中的情感模式，如词语之间的依赖关系和上下文信息等。使用循环神经网络进行情感分析的流程如下。

（1）进行文本预处理：文本经过分词后转换为词向量，将每个词表示为固定维度的嵌入向量，并以词嵌入的形式输入模型中。

（2）构建模型结构：模型结构包括嵌入层、循环单元、全连接层和分类层。首先，嵌入层将词索引映射为词嵌入向量，作为循环神经网络的输入。接着，循环单元处理序列数据，可以使用基本单元或其改进版本。然后，全连接层将循环层最后一个时间步的输出或所有时间步的平均池化结果连接至全连接层。最后，分类层通过 Softmax 或 Sigmoid 函数输出情感分类结果。

（3）训练模型：训练模型的过程包括使用损失函数和优化算法。具体而言，交叉熵损失函数被用来衡量预测结果与真实情感标签之间的差距。然后，通过反向传播算法和梯度下降，模型参数得到优化，以提高模型的准确性和效率。

4. 多模态情感分析

情感信息不仅存在于文本中，还可以通过语音、图像和视频等多种形式表现。多模态情感分析结合了这些不同的信息源，以更全面地解读和理解情感。语音情感分析利用音调、语速、音量和韵律等特征来识别情感。例如，高音量和快速语速通常与激动情绪相关，而低音量和缓慢语速则常与悲伤情绪有关。图像和视频情感分析则通过面部表情、手势和肢体动作等特征来评估情感状态。例如，微笑通常被视为正面情感，而皱眉可能是负面情感的表现。通过将文本、语音和图像等数据进行融合分析，多模态情感计算能够更准确地识别情感状态。通过联合学习不同模态之间的关系，系统能够从多角度获取情感信息，从而提升情感识别的鲁棒性和准确性。

10.8.3 情感计算的实际应用

情感计算在众多行业中展现出广泛的实际应用。以下是情感计算的几个典型应用场景。

1. 社交媒体情感分析

社交媒体情感分析是情感计算的一大重要应用。通过分析社交媒体上的用户发言、评论和推文等内容，企业和组织能够及时掌握公众对某个话题、产品或事件的情感倾向。这种分析帮助企业监控品牌声誉、了解用户需求和反馈，从而调整营销策略。例如，企业可以通过分析消费者对新产品的评论来判断市场接受度；政府则可以通过情感分析了解公众对政策的态度，提前预测可能的舆情危机。

2. 客户情感反馈分析

企业利用情感计算分析客户反馈，以掌握用户的满意度和情感倾向，从而提升客户服务质量。例如，客服中心可以通过实时监控客户情感状态，在客户表现出负面情绪时采取适当行动以避免问题升级。情感驱动的客服系统可以通过情感分析，将情绪消极的客户优先分配给高级客服人员，提供更个性化的解决方案。此外，情感计算还可以用于大规模的舆情监控，帮助企业识别潜在的品牌危机，并提前采取应对措施。

3. 市场调研与产品分析

情感计算帮助企业了解消费者对不同产品或服务的情感反馈，辅助决策。例如，通过分析社交媒体、产品评论和在线调查等数据，企业可以了解消费者对产品的满意度和改进需求，从而优化产品设计和市场定位。

4. 心理健康评估

在心理健康评估中，情感计算同样具有重要应用。通过分析用户的语音、文字或视频，系统可以判断其情感状态，识别出焦虑、抑郁等心理问题的早期信号。结合自然语言处理技术，情感计算为心理健康领域提供实时的情感状态监测和诊断支持。例如，通过对患者日常沟通内容的情感分析，系统能够评估其心理健康状态，协助心理医生进行诊断；在抑郁症患者的治疗过程中，情感计算技术还可用于实时监测患者的情绪波动。

5. 智能推荐系统

情感计算在推荐系统中同样发挥作用，通过根据用户的情感状态调整推荐内容。例如，视频流媒体平台可依据用户的情感分析结果，推荐合适的电影或电视剧；在线购物平台则可以根据用户当前的情感状态推荐相关产品。

10.9 推荐系统

10.9.1 推荐系统的概念

推荐系统（recommendation systems）是一种为用户提供个性化推荐的技术，利用数据和算法帮助用户快速、有效地找到他们感兴趣的商品、文章、电影、音乐等。其目标是从海量信息中筛选出最符合用户兴趣或需求的内容，极大地提升用户体验和商业价值。推荐系统广泛应用于电商、社交媒体、流媒体、新闻网站等平台。

10.9.2 推荐系统的类型

推荐系统通过分析用户的历史行为、偏好、社交网络以及人口统计数据，利用数学模型和机器学习技术，来预测用户对不同物品或内容的潜在喜好，从而生成推荐列表。根据所采用的推荐策略，推荐系统主要分为几种类型：基于内容的推荐、协同过滤推荐和混合推荐。

1. 基于内容的推荐

基于内容的过滤推荐（content-based filtering，CBF）通过分析用户过去对某些物品的偏好，推荐与这些物品相似的内容。该方法通过提取物品的特征（如电影的类型、书籍的作者、商品的品牌等），并将这些特征与用户的偏好进行匹配，从而为用户推荐与他们之前喜欢的物品相似的内容。

基于内容的过滤推荐系统首先为每个物品建立特征向量，然后通过分析用户曾经喜欢或购买的物品，计算这些物品的特征向量，生成用户的兴趣向量。推荐系统通过计算未被用户消费的物品与用户兴趣向量之间的相似度，从中挑选出最相似的物品进行推荐。例如，在新闻推荐系统中，用户曾阅读过的文章会被解析出文章的特征（如主题、关键词），然后系统会推荐与这些文章在主题或风格上相似的其他文章给用户。

基于内容推荐的优点包括能够为每个用户独立生成推荐列表，不依赖于其他用户的行为数据，因此具有较好的个性化效果。此外，这种方法能够有效推荐新物品（如刚发布的电影或商品），从而在一定程度上解决冷启动问题。然而，该方法也存在一些缺点，例如，由于只推荐与用户过去兴趣相似的内容，推荐的多样性较差，容易导致用户陷入“信息茧房”，限制了用户探索新兴趣领域的机会。此外，基于内容的方法在处理用户与物品之间隐含的复杂关系时可能存在一定困难。

2. 协同过滤推荐

协同过滤推荐（collaborative filtering，CF）是当前推荐系统中应用最广泛的方法之一。通过利用用户行为数据（如评分、购买记录、点击数据等），协同过滤基于相似用户的历史行为或相似物品的关联进行推荐。它无须了解物品的具体特征，而是依赖用户之间或物品之间的相似性来生成推荐。

协同过滤主要分为以下两类。

（1）基于用户的协同过滤（user-based collaborative filtering，UBCF）：通过找到与目标用户兴趣相似的其他用户，推荐这些用户喜欢的物品。例如，如果用户 A 和用户 B 的购物记录非常相似，那么用户 B 喜欢的商品可能也会被推荐给用户 A。

（2）基于物品的协同过滤（item-based collaborative filtering，IBCF）：通过物品之间的相似性进行推荐。该方法分析哪些物品被同一批用户频繁购买或评分较高，从而找到与用户之前消费过的物品相似的商品进行推荐。例如，当用户购买了 A 商品后，系统可能会推荐与 A 商品类似或经常一起被购买的 B 商品。

协同过滤推荐的优点在于它不依赖于物品的具体特征，能够捕捉用户与物品之间的复杂交互，适用于各种领域的推荐任务。此外，协同过滤可以跨类别进行推荐，例如，通过分析用户的历史行为同时推荐书籍、电影、音乐等多种物品。

然而，协同过滤在面对冷启动问题时表现较为不足，特别是对于新用户或新物品，由于缺乏足够的历史数据，系统难以生成有效的推荐。此外，在数据稀疏的情况下，协同过滤的推荐效果可能会受到影响。

3. 混合推荐系统

混合推荐系统（hybrid recommendation system）通过结合多种推荐方法（如基于内容和协同过滤）来弥补单一方法的局限性，增强推荐的准确性和多样性。混合推荐系统具有灵活的策略调整能力，可以在不同应用场景中发挥其优势。混合推荐系统可以通过多种方式进行组合。

（1）加权组合：将基于内容和协同过滤方法的推荐结果根据设定的权重进行组合，生成最终的推荐列表。

（2）级联方法：首先使用一种方法生成初步推荐结果，然后使用另一种方法对这些结果进行进一步的优化和精炼。

（3）切换方法：根据不同的用户或物品，选择适用的推荐方法。例如，对于新用户，采用基于内容的方法，而对已有丰富数据的用户则使用协同过滤。

混合推荐系统能够综合利用多种方法的优势，在解决冷启动问题、数据稀疏问题等方面表现出色。此外，它能提供更加个性化和多样化的推荐，从而提升用户体验。然而，混合推荐系统的实现复杂度较高，特别是在设计和调整多种推荐策略组合时，需要根据具体场景进行优化。

10.9.3 推荐系统的技术架构

推荐系统的实现涉及多个技术组件和步骤，从数据收集到推荐生成，每个环节都影响推荐系统的效果和性能。

1. 数据收集与用户建模

推荐系统的核心在于用户行为数据，这些数据来源多种多样，包括用户的点击记录、购买历史、浏览时长、搜索查询以及社交网络信息等。通过对这些数据的深入分析，推荐系统能够构建用户画像，从而描绘出用户的兴趣、偏好和行为模式。

推荐系统利用显性反馈（如用户对商品的评分和点赞）以及隐性反馈（如用户的点击、浏览、停留时间）来推断用户的兴趣。在实际应用中，隐性反馈更加常见，因为用户并不总是主动提供显性反馈。

在对这些反馈信息进行分析后，系统可以进一步构建用户画像。用户画像是推荐系统为用户建立的兴趣模型，它综合考虑了用户的行为数据、人口统计信息和地理位置信息等，生成一个个性化的特征向量。通过用户画像，系统能够更精准地预测用户的兴趣，并为其提供个性化推荐。

2. 特征工程与模型训练

为了实现高效的推荐，推荐系统通常需要对用户、物品以及它们之间的交互进行特征表示。特征工程是推荐系统的关键步骤，通过提取合适的特征来描述用户与物品的相互关系，提升模型的预测能力。

在特征工程中，对于每个用户，系统可以提取其人口统计特征（如年龄、性别、职业等）以及历史行为特征（如最近浏览的商品、偏好的品牌等）；对于每个物品，系统则可以提取其类别、标签、价格等特征。这些信息有助于精确捕捉用户和物品的特性。

为了将这些特征有效地整合到推荐系统中，矩阵分解技术常被采用。矩阵分解将用户-物品交互矩阵分解为用户潜在因子矩阵和物品潜在因子矩阵，从而将用户和物品表示为低维向量。通过将这两个矩阵相乘，系统可以预测用户对物品的偏好。

接下来，推荐系统通过机器学习模型对用户行为数据进行训练，以生成推荐模型。常用的机器学习方法包括梯度下降、随机森林和 XGBoost 等。近年来，基于深度学习的模型（如 DeepFM 和 Neural Collaborative Filtering）也受到越来越多的关注，这些模型可以更加准确地捕捉复杂的用户与物品之间的关系。

3. 在线推荐与实时计算

为了提供及时且准确的推荐结果，推荐系统通常需要具备实时计算能力。尤其在电商、新闻推送、视频推荐等场景中，用户的兴趣可能会随着时间快速变化，因此，系统必须能够实时更新用户的最新行为，并根据这些新数据调整推荐结果。

为了提高推荐系统的响应速度，系统通常会预先计算出部分推荐结果并进行缓存。在需要实时更新的场景中，推荐系统可以结合离线训练和在线推荐，通过批量更新模型及实时推断的方式，实现个性化推荐的快速响应。

为了验证推荐系统的效果，开发者通常会进行 A/B 测试，以确定优化方向，并比较不同推荐策略的性能。通过这种方式，开发人员能够持续优化推荐算法，提高推荐的点击率、转化率和用户满意度。

10.9.4　推荐系统的实际应用

推荐系统已经成为多个行业中不可或缺的工具，极大提高了信息筛选效率和用户体验。以下是推荐系统在几个重要领域的应用实例。

1. 电商平台

在电商平台中，推荐系统通过为用户推荐感兴趣的商品，提升了销售转化率和客户满意度。

（1）商品推荐：通过分析用户的购买记录、浏览行为、购物车内容，系统可以个性化推荐用户可能感兴趣的商品，提升购买的机会。

（2）关联推荐：当用户浏览某个商品时，系统可以推荐与该商品相关的其他商品（如配套产品、类似商品），提高用户的购物体验。例如，用户浏览手机时，系统会推荐手机壳、耳机等配件。

2. 视频与音乐流媒体平台

在流媒体平台（如 Netflix、YouTube、Spotify）中，推荐系统帮助用户发现符合其兴趣的内容，并提升平台的用户黏性。

（1）视频推荐：系统通过分析用户的观看记录、点赞、评论等行为，推荐用户可能感兴趣的电影、电视剧、视频片段。例如，Netflix 通过协同过滤算法向用户推荐与其观看历史相似的影片。

（2）音乐推荐：Spotify 的推荐系统通过分析用户的音乐偏好，推荐用户可能喜欢的歌曲、专辑或歌手，提升用户的个性化体验。

3. 新闻和社交媒体

在新闻网站和社交媒体平台，推荐系统通过分析用户的阅读历史、社交关系和互动数据，推荐用户感兴趣的新闻、文章或社交内容，增强用户参与度。

（1）新闻推荐：新闻推荐系统通过分析用户的历史阅读行为，推荐符合其偏好的新闻文章。例如，今日头条的推荐算法通过协同过滤和内容推荐，个性化推送新闻内容。

（2）社交推荐：社交媒体平台通过推荐用户可能感兴趣的好友、社交圈或动态，帮助用户发现新的社交关系和内容。例如，Facebook 通过分析社交关系和用户互动推荐好友，Twitter 通过推荐用户感兴趣的推文和用户。

4. 广告推荐

在广告系统中，推荐算法帮助广告主将广告展示给最有可能感兴趣的用户，从而提高广告的点击率和转化率。广告推荐系统通过分析用户的浏览记录、购买行为、社交互动等，生成个性化广告投放策略。例如，Google Ads 通过推荐系统为广告主优化广告投放，确保广告展示给最合适的受众群体。

第11章 人工智能技术

11.1 半监督学习与无监督学习

11.1.1 半监督学习概述

传统的机器学习算法通常依赖于大量标记数据进行训练。然而，随着信息技术的飞速发展，收集大量未标记数据变得相对容易，而获取大量标记数据则相对困难，因为标记过程通常需要投入大量的人力和资源。因此，如何利用大量未标记样本来提升学习性能，已成为当前机器学习研究中的热门话题。

1. 半监督学习的应用领域

在 Web 网页推荐中，通常需要用户标记出感兴趣的网页。然而，在日常生活中，少有用户愿意花时间来提供这些标记，导致标记的网页示例较少。与此同时，网络上有无数未标记的网页，可以作为学习的无标记示例来利用。这一问题在许多实际应用中都存在。例如，医生在处理大量医学影像时，不可能为每张影像的关注点都进行标注，但可以选择性地标注部分影像，并利用未标注的部分来改善学习效果。

此外，半监督学习（semi-supervised learning，SSL）在多个领域都展现了其强大的应用潜力，包括语音识别、文本分类、词义解析、视频监控和蛋白质结构预测等。通过整合少量标记数据和大量未标记数据，半监督学习能够显著提升模型的性能和泛化能力。

2. 半监督学习的分类

从统计学习理论的角度来看，半监督学习可以分为两种模式：直推（transductive）SSL 和归纳（inductive）SSL。直推 SSL 专注于处理样本空间内已知的训练数据。它利用训练数据中已有标签的样本和未标记的样本进行学习，目的是预测训练数据中未标记样本的类别标签。归纳 SSL 则面向整个样本空间，包括所有已知和未知的样例。它同样利用训练数据中的标记样本和未标记样本进行学习，但同时考虑到未知的测试样例。归纳 SSL 的目标不仅是预测训练数据中未标记样本的类别标签，更重要的是预测那些未知测试样例的类别标签。这两种模式各有其适用场景，直推 SSL 适合于需要对特定数据集进行精准分类的任务，而归纳 SSL 则更适用于需要对新出现的样本进行预测的情况。

从不同的学习场景看，半监督学习可以分为三大类：半监督回归（semi-supervised regression）、半监督聚类（semi-supervised clustering）和半监督降维（semi-supervised dimensionality reduction）。

（1）半监督回归：通过利用无标签的输入数据，辅助训练有标签的输入数据，从而获得比仅使用有标签数据训练得到的回归模型性能更佳的结果。

（2）半监督聚类：利用带有类标签的样本信息来改善聚类结果，从而超越仅依赖无标签样本进行聚类的方法，提高聚类方法的精度和可靠性。

（3）半监督降维：借助有标签样本的信息，识别高维输入数据的低维结构，同时保持原始高维数据及成对约束的结构不变。具体来说，在高维空间中满足正约束的样本在低维空间中依然保持接近，而在高维空间中满足负约束的样本在低维空间中则保持较大距离。

3. 半监督学习的局限

半监督学习凭借能够充分利用大量未标记样本来提升模型性能，已成为当前利用未标记数据进行学习的主流技术。然而，在某些情况下，半监督学习可能不仅无法提升模型的泛化能力，反而导致性能下降。这种情况可能发生在模型假设与实际情况不符，或者未标记样本的分布与标记样本的分布存在较大差异时。

此外，随着训练过程的推进，自动标记样本中可能积累的噪声也会逐渐增加，对模型的负面影响也会愈发显著。因此，尽管半监督学习具有很大潜力，但在其应用过程中仍需谨慎，确保对未标记数据的假设和处理方法符合实际情况，以避免可能的性能损失。

11.1.2 半监督学习的主要方法

1. 期望最大化方法

期望最大化（expectation-maximization，EM）算法与朴素贝叶斯方法有着相同的理论基础。EM 算法是一种基于迭代过程的最大似然参数估计方法，适用于处理含有隐状态变量和缺失数据的参数估计问题，是最早被应用于半监督学习的方法之一。

在半监督学习的背景下，我们可以将数据分为标记样本和未标记样本。从统计学的角度来看，每个样本的生成背后都有一个样本生成模型。首先，通过标记样本来确定模型参数，然后利用这些参数和当前模型对未标记样本进行预估，以共同调整模型。

EM 算法能够有效地进行数据聚类。然而，当期望在参数条件下的估计时，应该使用条件期望进行估值，这就需要知道参数的值；另一方面，为了得到参数的估值，又必

须先对状态变量 $\boldsymbol{X}$ 进行估计。这种依赖关系使得 EM 算法在计算时既简洁又具有严谨的数学基础，但同时也带来较大的计算负担，并且对生成模型的假设有较高的依赖性。

2. 自训练

自训练（self-training）首先利用已标记的样本训练一个初始分类器。然后，该分类器用于对未标记样本进行预测，并选择那些具有高置信度的预测样本，将其作为“伪标签”添加到训练集中。通过不断迭代这个过程，最终获得一个更为理想的分类器。

在概念上，自训练的具体操作步骤如下。

（1）将标记的数据实例分为训练集和测试集，使用标记的训练数据来训练初始分类器。

（2）利用训练好的分类器对所有未标记数据实例进行类标签预测。在这些预测结果中，选择置信度最高的作为“伪标签”。

（3）将这些“伪标签”样本与原始标记的训练数据合并，在这个扩展的训练集上重新训练分类器。

（4）使用更新后的分类器来预测已标记测试数据实例的类标签，并通过选择的评估指标来衡量分类器的性能。

通过不断循环这个过程，自训练方法能够逐步提升分类器的准确性，特别是在标记数据有限的情况下。

3. 协同训练

协同训练（co-training）是一种假设特征可以分为两个独立同分布子集的方法。每个子特征集能够单独训练出一个有效的分类器。然后，每个分类器在未标记样本中识别出高置信度的样本，并将其交给另一个分类器进行标记。通过这样的迭代过程，特征可以被有效地分为两类，这两类视图共同作为模型的输入，实现了协同训练。

协同训练充分利用了多视图学习中的“相容互补性”原则。然而，在实际应用中，并非所有问题都具有“充分大”的特征集，随机将特征划分为视图的策略在某些情况下可能不够有效。尽管如此，协同训练在特定条件下仍然表现出色，能够显著提高模型的性能。

11.1.3　无监督学习概述

无监督学习（unsupervised learning）是一种机器学习方法，旨在无须事先标记的数据情况下，自动对输入数据进行分类或聚类。其主要应用包括聚类分析、关联规则挖掘和降维等。这种方法与监督学习和强化学习不同，提供了一种独立的手段。在人工神经网络领域，生成对抗网络、自组织映射和适应性共振理论是常用的无监督学习方法。

无监督学习的核心目标是通过对未标记样本的分析，揭示数据中的潜在结构和规律，为进一步的数据分析奠定基础。

1）无监督学习的特点

（1）无监督学习没有预设的目标或期望输出，主要任务是探索数据的内在结构和模式，以发现数据中的相似性或分组。

（2）无须为数据打标签，算法处理的是未标记的数据集，因此在数据获取和利用上更为灵活和高效，尤其在缺乏标注数据的场景中。

（3）由于无监督学习不以特定的预测准确率或损失值为目标，其性能往往难以通过传统评估方法量化，结果的好坏更多依赖于后续应用的效果。

2）监督学习和无监督学习的区别

（1）标签区别：监督学习使用带标签的数据来训练模型，以区分正负样本；无监督学习则利用未标记的数据，专注于发现数据的内在结构。

（2）分类和聚类区别：监督学习的主要任务是分类，将数据分配到预定义的类别中；无监督学习则侧重于聚类，将数据分成具有相似特征的组，不需要预先定义的标签。

（3）模型复杂性：无监督学习通常需要构建多变量概率模型，而监督学习的预测值一般是单变量，这使得监督学习的问题解决更为简化。

（4）概率密度估计：监督学习属于条件概率密度估计，而无监督学习属于无条件概率密度估计。

3）选择监督学习和无监督学习的方法

在解决实际问题时，可以根据每种机器学习方法的定义和特征来选择合适的策略。

（1）数据标记情况：首先评估现有数据是否带有标签，或者是否可以利用专家知识进行标注。如果既没有标签也无法进行标注，无监督学习通常是最佳选择。

（2）数据条件的改善：在某些应用中，即便缺乏现成的训练样本，通过特征工程可以人为地标注一些数据样本，这样可以改善条件，使得问题适用于监督学习。

（3）算法适用性：评估候选算法是否适合数据的维度问题（如特征数量和属性）。选择适合数据量和数据结构的算法至关重要。

（4）样本独立性：虽然在拥有训练样本的情况下，使用监督学习通常效果较好，但在数据非独立分布时，可能存在内在的隐含关联。这时，过于追求单一的“标准答案”可能会忽视数据中隐藏的重要信息。以反欺诈为例，这些隐藏的关联可能揭示未知的欺诈团伙活动。因此，在反欺诈领域，无监督学习方法能够实现更全面和准确的欺诈检测。

11.1.4 无监督学习的主要方法

1. 聚类

聚类算法是一种用于处理数据并根据相似性对数据进行分类的技术。通常，这些算法通过中心点或分层的方法对输入数据进行归并，致力于发现数据的内在结构，以便根据最大程度的共同特性进行归类。聚类算法的应用范围广泛，包括市场细分、文档聚类、图像分割、图像压缩、特征学习、确定犯罪高发区域、保险欺诈检测、公共交通数据分析、IT 资产集群、客户细分、癌症数据识别、搜索引擎优化、医疗应用以及药物活性预测等。

下面介绍两种常见的聚类算法。

（1）K 均值算法。K 均值是一种无监督学习方法，是最为普及的聚类算法之一。它处理无标签的数据集，并将数据聚类成不同的组。K 均值通过迭代的过程，将数据集分成若干个预定义的不重叠的聚类，使得簇内点尽可能相似，同时保持簇之间的差异。算法通过最小化簇的质心与数据点之间的平方距离之和来分配数据点，其中质心是簇中数据点的算术平均值。

K 均值算法具有鲁棒性高、速度快、易于理解、效率高、计算成本低和灵活性高的优点。对于不同的数据集，它通常能产生更紧密的簇，并且在重新计算质心时，簇会发生变化。其缺点是需要预先指定簇的数量，无法有效处理异常值和噪声数据。对于高度重叠的数据无法区分，非线性数据集不适用。同时，对特征尺度敏感。此外，处理非常大的数据集时可能导致计算机崩溃。

（2）DBSCAN（density-based spatial clustering of applications with noise）是一个典型的基于密度的聚类算法。它将簇定义为由密度连接的点组成的最大集合，能够识别密度足够高的区域为簇，并发现噪声环境中的任意形状的聚类。DBSCAN 擅长处理噪声多、形状不规则的数据集，适用于广泛的实际应用场景。

2. 降维

1）降维的定义

降维（dimensionality reduction）是一种将高维空间中的样本（实例）转换到低维空间的技术，这一过程与信息论中的有损压缩概念密切相关，因为完全无损的降维并不存在。高维数据通常会增加运算难度，并削弱学习算法的泛化能力，导致搜索复杂度和成本的上升。通过降维，可以提高数据的可读性，减少冗余特征，降低数据维度，从而有利于数据可视化和挖掘有意义的结构。

2）降维的算法

有很多种算法可以完成对原始数据的降维，在这些方法中，降维是通过对原始数据的线性变换实现的。

（1）主成分分析（principal component analysis，PCA）：PCA 通过正交变换将一组可能相关的变量转换为一组线性不相关的变量，即主成分。PCA 是一种端到端的算法，不需要任何参数设置或人为干预，完全依赖于数据本身。

（2）独立成分分析（independent component analysis，ICA）：ICA 旨在从多维统计数据中提取潜在因子或成分，特别强调寻找统计独立和非高斯的成分。

（3）奇异值分解（singular value decomposition，SVD）：SVD 是特征分解在任意矩阵上的推广，广泛应用于降维、推荐系统和自然语言处理等领域，是许多机器学习算法的基础。

3）降维的优缺点

降维在数据处理中具有显著的优势。首先，通过减少特征的维数，可以降低数据存储空间的需求，同时缩短计算和训练时间。此外，降维能促进数据的快速可视化，并通过消除多重共线性来去除冗余特征。然而，降维也存在一些缺点，例如，可能会导致部分信息丢失。在使用主成分分析等技术时，确定合适的主成分数量可能需要依赖经验判断，增加了复杂性。

3. 关联规则

关联规则（association rules）用于揭示事物之间的依存关系和关联性。当多个事物之间存在关联时，已知事物的信息可以用于预测未知事物。在挖掘关联规则时，Apriori 算法是一种常用的方法。该算法通过频繁项集来生成关联规则，并基于这样一个原则：频繁项集的所有子集也一定是频繁的。频繁项集是指其支持度超过设定阈值的项集。Apriori 算法的核心假设是，如果一个项集是频繁的，那么它的所有子集也必然是频繁的。

1）Apriori 算法的流程

输入：数据集合 D，支持度阈值 α；输出：最大的频繁 k 项集。

（1）扫描整个数据集，得到所有出现过的数据，作为候选频繁 1 项集，$k=1$。频繁 0 项集为空集。

（2）挖掘频繁 k 项集。扫描数据集，计算候选频繁 k 项集的支持度；去除候选频繁 k 项集中支持度低于阈值的数据集，得到频繁 k 项集。如果得到的频繁 k 项集为空，则直接返回频繁 $k-1$ 项集作为算法结果，算法结束。如果得到的频繁 k 项集只有一项，则直接返回频繁 k 项集的集合作为算法结果，算法结束；基于频繁 k 项集，连接生成候选频繁 $k+1$ 项集。

2）Apriori 算法的缺点

（1）可能生成大量候选集，因其通过排列组合生成所有可能的项集。

（2）每次计算都需重新扫描数据集，以计算每个项集的支持度。

11.2 深度学习

深度学习是机器学习领域的一个新兴研究方向，其核心思想是模拟人脑的层级抽象结构。通过这种方式，深度学习能够以无监督的方式从海量训练数据中自动提取有用的特征。

11.2.1 深度学习概述

1. 什么是深度学习

深度学习通过学习样本数据的内在规律和层次表示，为文字、图像和声音等数据的解释提供了极大的帮助。它的最终目标是赋予机器类似于人类的分析和学习能力，使其能够识别和理解文字、图像和声音等信息。作为一种复杂的机器学习算法，深度学习在语音和图像识别方面的表现远远超过了之前的相关技术。使用深度学习构建的神经网络模型通常被称为深度网络模型。

深度学习在多个领域取得了显著成果，包括搜索技术、数据挖掘、机器学习、机器翻译、自然语言处理、多媒体学习、语音识别、推荐系统和个性化技术等。通过模拟人类的视听和思考能力，深度学习解决了许多复杂的模式识别问题，推动了人工智能技术的显著进步。

2. 深度学习与机器学习、人工智能的关系

人工智能是一个广泛的领域，致力于研究和开发能够模拟、扩展和增强人类智能的理论、方法、技术及其应用系统。人工智能的目标是模仿人类在各种领域的智能，如图像识别和自然语言处理，这些都属于模拟人类视觉和语言理解能力的应用。尽管这些技术存在不同的复杂性，但它们的核心目的都是一致的：拓展和增强人类智能。自 20 世纪 50 年代以来，人工智能的研究领域不断扩大，包括专家系统、机器学习、遗传算法、模糊逻辑、推荐系统等。

人工智能通常分为弱人工智能和强人工智能。弱人工智能旨在让机器具备观察和感知能力，实现一定程度的理解和推理。强人工智能则期望机器能够适应新情况并解决之前未遇到的问题。

机器学习是人工智能的一个子集，它通过算法解析数据，持续学习，并对现实世界中的事件进行判断和预测。与传统编程不同，机器学习不依赖于人工编写的指令，而是通过训练数据和算法，让机器自主学习如何执行任务。这表明机器学习依赖于大量的数据，大数据技术对此至关重要。常见的机器学习算法包括决策树、随机森林、逻辑回归、支持向量机、朴素贝叶斯、*K* 最近邻算法、*K* 均值算法、Adaboost 算法、神经网络和马尔科夫链。

深度学习是机器学习的一个较新的发展方向，专注于利用神经网络模拟人脑的工作机制以分析和解释数据。它的基本特征是模仿大脑中神经元之间的信息传递和处理方式。深度学习在计算机视觉和自然语言处理领域中应用尤为显著。深度学习与机器学习中的神经网络密切相关，可以被视为“改良版的神经网络”算法。常见的深度学习架构包括卷积神经网络和深度置信网络。

深度学习的计算需求非常高，长期以来受到硬件技术的限制。然而，GPU 的引入为深度学习的发展带来了突破，使其迅速成为热点领域。围棋 AI AlphaGo 就是深度学习成功应用的一个例子。目前，Google 的 TensorFlow 和开源的 PyTorch 是两大流行的深度学习框架，支持 CNN、RNN 和 LSTM 等算法，并在图像识别和自然语言处理方面被广泛应用。

总结来说，深度学习与机器学习、人工智能之间的关系如图 11-1 所示。人工智能是最广泛的领域，机器学习是其子集，而深度学习则是机器学习中的一个特殊分支。

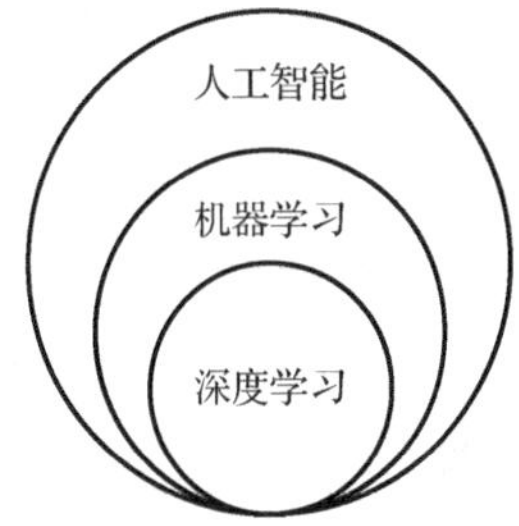

图 11-1　深度学习与机器学习、人工智能之间的关系

11.2.2 深度学习的训练流程

1. 数据预处理

（1）数据标注：对数据进行分类、分割和检测。

（2）数据集拆分：拆分数据集为训练集、验证集、测试集。训练集用于输入模型进行训练，验证集在训练过程中实时反馈训练结果，而测试集则在模型训练完成后用于验证模型的最终效果。

2. 训练

（1）训练过程：通过反复迭代和反馈，模型逐渐优化以达到最佳性能。

（2）迁移学习：将预训练模型的参数迁移到新的模型中，以提高新模型的训练效率。迁移学习利用不同任务或数据之间的相关性，避免新模型从零开始训练，加快学习过程。

（3）调整参数：参数调整也是训练的重要部分，其中包括设定批处理大小（每次训练所选取的样本数量，影响模型的优化速度和 GPU 内存使用）、迭代次数（每个批处理的训练图像通过网络的次数）以及学习率（决定目标函数收敛速度的重要超参数）。

3. 测试

最后是测试阶段，测试指标根据具体任务而定。对于分类任务，常用分类准确率来评估；分割任务则使用像素对齐的准确率；而检测任务则依赖于检测准确率来衡量模型的性能。

11.2.3 深度神经网络的基础构型

1. 简单神经网络

在简单神经网络中，神经元具有以下特性。

（1）神经元是一组用于程序设计的变量。

（2）神经元由一系列可以学习的参数构成。

（3）神经元能够接受不同尺寸的输入，并对输入与内部参数进行任意运算。

（4）神经元的输出大小取决于输入数据的规模和神经元的操作方式。

（5）在输出之前，神经元通常需要通过非线性函数进行“激活”。

（6）每个神经元都配有一个偏置项（bias）。

图 11-2 展示了单个神经元的示例。输入与权重相乘后，再加上偏置 $\boldsymbol{b}$。权重允许人工神经网络调整不同神经元之间的连接强度，而偏置项则用于调节神经元内部的连接强度。公式表示如下：

$$z = x_1 w_1 + \cdots + x_k w_k + \cdots x_K w_K + b \tag{11-1}$$

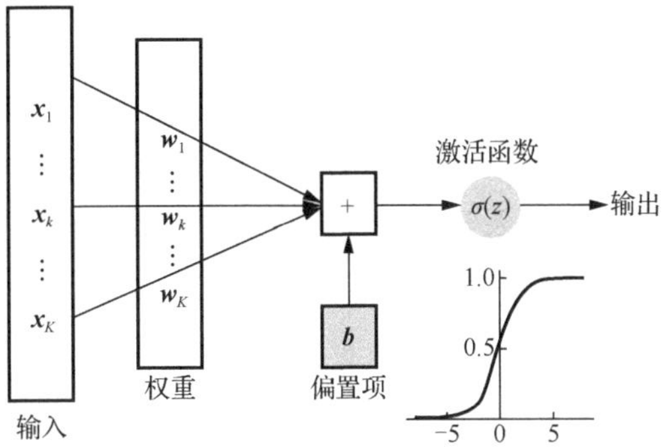

图 11-2　单个神经元示例

2. 几种主要的神经网络

1）全连接神经网络

顾名思义，全连接神经网络（fully connected neural network）是指在网络中，每一层的每个节点都与相邻层的所有节点相连。这意味着，每个节点在进行计算时，其激活函数的输入是前一层所有节点的加权和。这种网络结构的缺点是权重数量过多，计算量较大，但由于其通用性，可以应用于大多数场景。

2）前馈神经网络

前馈神经网络（feedforward neural network）采用一种单向多层结构。该网络由多个层级构成，其中每一层包含若干个神经元。各神经元接收来自前一层的信号，并将输出传递给下一层。第 0 层称为输入层，最后一层称为输出层，介于两者之间的层被称为隐藏层。隐藏层可以包含一层或多层。在前馈神经网络中，信号从输入层单向传递到输出层，无反馈机制，可以用一个有向无环图来表示。

3）卷积神经网络

卷积神经网络是一种具有局部连接和权重共享特性的深层前馈神经网络。通常由卷积层、汇聚层和全连接层交替堆叠而成，并通过反向传播算法进行训练。卷积神经网络有三个主要特征：局部连接、权重共享和汇聚。这些特性赋予卷积神经网络一定的平移、缩放和旋转不变性，相比前馈神经网络，其参数更少。卷积神经网络的输入通常是二维的像素阵列，输出则与图片的下游任务相关。例如，在图像识别任务中，即使输入图片经过缩放或旋转，卷积神经网络仍能识别出感兴趣区域（region of interest，ROI）的特征，并对整幅图片进行识别。

4）循环神经网络

循环神经网络是一类具备短期记忆能力的神经网络。循环神经网络的神经元不仅能接收来自其他神经元的信息，还可以自我反馈，从而形成环路结构。在许多实际任务中，网络的输出不仅与当前输入有关，还与过去一段时间的输出相关。循环神经网络能够记忆之前的信息，并利用这些信息影响后续节点的输出。

11.2.4 深度学习的硬件

1. 硬件的作用

在模型部署时，有时会出现训练速度慢或精度下降的问题。这并不一定是代码本身的问题，可能是由于硬件不支持某些底层计算方法。合适的硬件可以显著加速模型的训练过程。

2. 硬件平台

1）CPU

最初，深度学习算法主要依赖于CPU进行计算，因为CPU具有良好的通用性，其硬件架构已经非常成熟，对程序员非常友好。然而，为了满足通用性要求，CPU 芯片的大部分面积用于复杂的控制流和缓存，留给运算单元的空间较少。随着深度学习对计算能力的需求日益增长，CPU在执行深度学习任务时显得低效，因此人们开始转向使用GPU。

2）GPU

GPU最初设计用于图像渲染，由于图像像素之间相对独立，GPU能够提供大量并行计算单元，可以同时处理许多像素。这种架构非常适合用于深度学习算法。在运行深度学习算法时，GPU的速度远超CPU。然而，由于其高昂的价格和巨大的功耗，在数据中心的大规模部署中面临诸多挑战。此外，现场可编程门阵列（field programmable gate array，FPGA）近年来引起了广泛关注，亚马逊和Facebook等公司在数据中心广泛部署FPGA以构建深度学习云平台。

（1）GPU硬件的其他特点：

① 显存独立于系统内存，内存和显存的读取速度差异可能成为瓶颈。

② 在显存管理上，GPU的多流处理器能力不如CPU。

③ GPU 是非常复杂的处理器。

（2）GPU 训练注意事项：

① 一些深度学习加速库，如cuDNN，可以显著提升GPU训练效率。

② GPU训练可能会受到其他因素的影响，如CPU和GPU之间的通信速度（特别是在多GPU或多节点环境中）。

③ 传统上，NLP训练不容易耗尽GPU资源，但随着深度迁移模型的出现，GPU的算力和显存资源可能不足。

（3）GPU部署的注意事项：

① GPU部署的最大问题是显存污染。

② 内存与显存之间的带宽会对GPU部署产生影响。

③ 部署时需要详细调整参数，最重要的参数是Batch Size。

3）TPU

张量处理单元（tensor processing unit，TPU）是由 Google 专为机器学习算法设计开发的一种专用硬件。与通用的 CPU 和 GPU 相比，TPU 在特定的深度学习任务上可以提供更高的计算效率和性能，特别在加速机器学习任务和深度学习模型的训练和推理方面表现突出。TPU 的设计优化了大量矩阵运算，尤其是张量运算，这是深度学习中的常见操作。TPU 本质上是一种专用于矩阵/向量乘法的设备，其架构比 GPU 简单，因此成本较低。TPU 易于预测输出，有利于模型开发和调试。由于其硬件的特殊设计，TPU 在处理基于 Transformer 架构的训练和预测时尤为擅长。

11.3　强 化 学 习

11.3.1　强化学习的概念

强化学习（reinforcement learning，RL）在机器学习领域中区别于有监督学习和无监督学习。有监督学习依赖于外部监督者提供的带标注数据集进行训练，属于任务驱动型；无监督学习则专注于发现未标注数据中的隐含结构，属于数据驱动型。强化学习则是第三种独立的机器学习范式，强调智能体与环境的交互。这种交互带来了一个独特的挑战：在“试错”和“利用”之间找到平衡。智能体需要利用已有的经验来获取收益，同时也需探索，以便在未来获得更优的行动选择空间，即从过去的经验中学习。

强化学习是机器学习的一个子领域，其灵感主要来源于心理学中的行为主义理论，强调在线学习，并试图在探索与利用之间保持平衡。与监督学习和无监督学习不同，强化学习不需要预先提供数据，而是通过接收环境对行动的奖励（或惩罚）来获取学习信息并更新模型参数。它强调在环境给予的奖励或惩罚的刺激下，逐步形成对刺激的期望，最终形成能获得最大收益的习惯性行为。

11.3.2　强化学习的基本模型和原理

强化学习源自动物学习和参数扰动自适应控制等理论。其基本原理是：如果智能体（agent）的某个行为策略引发了环境的正向奖赏（强化信号），该行为策略的出现概率将增加。智能体的目标是在每个离散状态下找到最优策略，以最大化期望的累积折扣奖励。

强化学习将学习过程视为一个试探和评估的过程。智能体选择一个动作作用于环境，环境接收该动作后状态发生变化，并产生一个强化信号（奖励或惩罚）反馈给智能体。智能体根据强化信号和环境的当前状态选择下一个动作，选择原则是增加受到正强化（奖励）的概率。选择的动作不仅影响立即的强化值，还会影响环境下一时刻的状态及最终的累积强化值。

在强化学习中，奖赏扮演着至关重要的角色。例如，想象一个机器人正在学习走出迷宫的任务。当机器人选择了正确的路径时，它会获得正面的奖励，比如得到一个积分。相反，当机器人选择了错误的路径时，它可能会受到负面奖励，如失去积分。通过这种奖惩机制，机器人能够学会选择最佳行为，以最大化总体奖励。

强化学习基本原理示意图如图 11-3 所示。

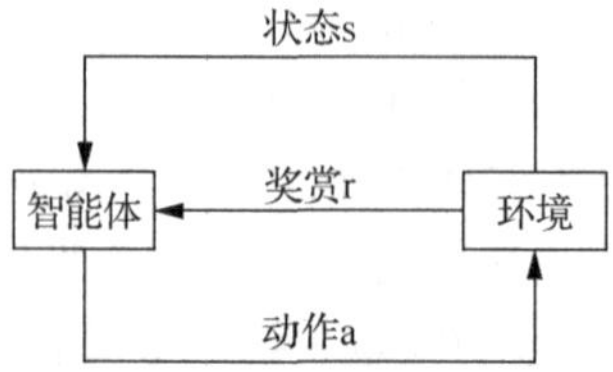

图 11-3　强化学习基本原理示意图

11.3.3　强化学习的主要特点

1. 试错学习

强化学习通过智能体与环境的不断交互，以试错的方式总结每一步的最佳决策。这个过程中没有明确的指导方针，只有来自环境的反馈。智能体根据反馈调整自己的行为策略。

2. 延迟反馈

在强化学习的训练过程中，智能体的试错行为会获得环境反馈，但有时这种反馈可能直到训练结束时才显现结果，如游戏结束时的胜负结果。为了应对这种情况，训练通常将过程拆解，尽可能将反馈分解到每一步，以便及时调整策略。

3. 时间的重要性

在强化学习中，环境状态的变化及反馈与时间密切相关。状态和反馈会不断变化，整个训练过程是一个随时间演进的动态过程。

4. 当前行为对后续数据的影响

这一特点将强化学习与监督学习、半监督学习区分开来。在监督学习和半监督学习中，每条训练数据是独立的，彼此没有关联。然而，在强化学习中，当前的状态及采取的动作会影响下一步所接收到的状态，这意味着数据之间存在一定的关联性。

11.3.4　强化学习的网络模型设计

在强化学习领域，自主体是一个核心概念，代表着能够与环境进行交互和学习的智能体。每个自主体由两个神经网络模块组成：行动网络和评估网络。行动网络负责根据当前状态决定下一步施加在环境上的最佳动作。自主体构成如图 11-4 所示。

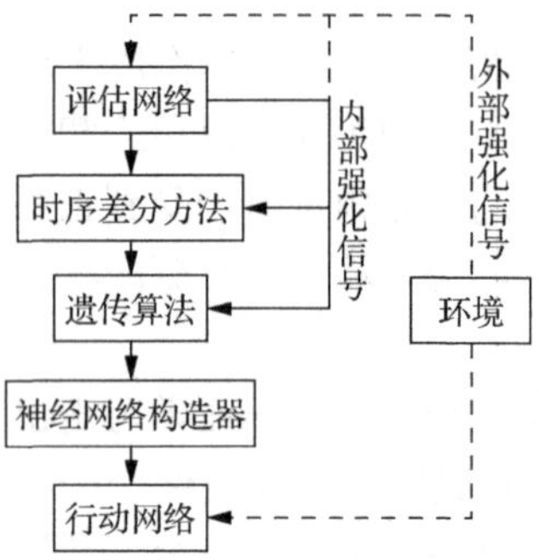

图 11-4　自主体构成

对于行动网络，强化学习算法允许输出节点进行随机搜索。当收到来自评估网络的内部强化信号后，行动网络的输出节点能够有效地完成随机搜索，并显著提高选择最佳动作的可能性，同时支持在线训练整个行动网络。利用辅助网络来对环境进行建模，评估网络根据当前状态和模拟环境预测标量值形式的外部强化信号。这样，它可以单步或多步预报行动网络对环境施加动作的强化信号，提前向行动网络提供关于候选动作的强化信号以及更多奖惩信息（即内部强化信号），以减少不确定性并加快学习速度。

在进化强化学习中，评估网络使用时序差分预测方法和反向传播算法进行训练，而行动网络则通过遗传操作进行优化，利用内部强化信号作为其适应度函数。网络运算分为两个部分：前向信号计算和遗传强化计算。在前向信号计算阶段，评估网络采用时序差分预测方法来对环境建模，能够进行外部强化信号的多步预测，从而提供更有效的内部强化信号给行动网络，使其能够产生更合适的动作。内部强化信号使得行动网络和评估网络能够在每一步进行学习，而不必等待外部强化信号的到来，这大大加速了两个网络的学习过程。

11.3.5 强化学习的分类

1. 不理解环境和理解环境的强化学习

1）不理解环境

不理解环境的方法是指智能体直接从环境中获取反馈并进行学习，而无须对环境进行建模。这类方法包括 Q-Learning、Sarsa 和 Policy Gradients 等。在不理解环境策略中，智能体通过逐步尝试和获取真实环境的反馈，然后基于反馈来决定下一步的动作。

2）理解环境

理解环境的方法包括对真实世界进行建模，即在不理解环境方法的基础上增加一个虚拟环境。理解环境方法通过对可能发生的情况进行模拟和预估，选择最佳行动策略。这类方法的一个突出应用是 AlphaGo 在围棋领域的成功，其能够通过模拟来超越人类决策的能力。

2. 基于概率和基于价值的强化学习

1）基于概率

基于概率的方法直接输出不同动作的概率，智能体根据这些概率选择行动，因此每种动作都有可能被选中，只是概率不同。较为典型的算法是 Policy Gradients。

2）基于价值

基于价值的方法输出各种动作的价值，并选择价值最高的动作。相较于基于概率的方法，基于价值的方法在决策时更加确定，如 Q-Learning 等算法。此外，基于概率的方法能够处理连续动作，而基于价值的方法则无法处理。

结合两者优势的方法是 Actor-Critic 方法，其中 Actor 基于概率选择动作，而 Critic

评估动作的价值，从而加速了学习过程。

3. 回合更新和单步更新的强化学习

1）回合更新

回合更新类似于游戏中，智能体在一个回合结束后再总结整个回合中的经验并更新策略。典型方法包括基础版 Policy Gradients 和 Monte-Carlo Learning 等。

2）单步更新

单步更新允许智能体在游戏进行中对每一步进行更新，而无须等待回合结束。这种方法支持边游戏边学习，代表性方法包括 Q-Learning 和增强版 Policy Gradients 等。由于单步更新更加高效，因此大多数强化学习方法基于此策略。

4. 在线学习和离线学习的强化学习

1）在线学习

在线学习要求智能体在与环境交互时进行学习。最典型的例子是 Sarsa 和其优化版本 Sarsa lambda。

2）离线学习

离线学习允许智能体通过观察他人的行为而非直接交互进行学习。离线学习通常依赖于过往经验，不需要亲身经历，即使是他人的经验也可以被利用。智能体可以在某个时间段积累经验，然后在其他时间段对这些经验进行学习。

11.3.6 强化学习的应用领域

组合优化问题广泛存在于工业、制造、通信、交通等多个领域。随着实际问题规模的不断扩大以及对算法求解时间的严格要求，传统的运筹优化方法难以在可接受的时间内实现问题的在线求解。基于深度强化学习的组合优化方法近年来被提出，成为一种前沿解决方案，具有求解速度快、泛化能力强的优势。

1. 网络与通信领域

网络与通信领域存在许多典型的组合优化问题，如资源分配和路由拓扑优化等。因此，基于深度强化学习的组合优化在该领域有着广泛应用。资源分配问题涉及将有限的CPU、内存、带宽等资源合理分配给不同用户或任务需求，例如，虚拟网络功能部署和网络资源切片问题。在通信网络或无线传感网络中，通常需要优化路由策略和传感器连接拓扑，以降低通信时延和成本。

2. 交通领域

强化学习在交通信号灯控制和货物配送领域也得到了应用。随着电商规模的不断扩大，当前的配送路径优化方法难以实现城际交通规划系统的在线实时响应。在网约车领域，订单的分配和司机载客区域的划分是复杂的组合优化问题，传统运筹优化方法难以有效处理大规模订单的在线调度和响应。

3. 高性能计算领域

人工智能模型的训练通常是一个耗时较长的任务，合理规划和调度计算资源能够有效提高计算效率。随着神经网络规模的扩大，多 CPU 和多 GPU 混合训练成为一种通用方法。将神经网络模型的不同计算任务分配到不同的计算设备上，可以显著影响训练速度，并提升整体效率。

11.4 联 邦 学 习

联邦学习因其能够在多方数据源间协同训练全局最优模型而备受关注，尤其适用于需要确保数据集或模型架构保密的场景，迅速成为安全机器学习领域的研究热点。

11.4.1 联邦学习的定义

机器学习中，更多的数据通常意味着更好的模型效果。虽然各参与方拥有自己的数据，但将这些数据联合使用可以带来更优的模型效果。然而，数据属于用户，未经许可不能随意用于训练，并且需要保护隐私。

2016 年，Google 为解决安卓系统的更新问题，提出了一种新方法：用户在自己的设备上训练模型，仅上传模型参数而不是原始数据，这在一定程度上保证了数据的私密性，成为联邦学习的雏形。在联邦学习中，如果参与者的业务相似且数据特征重叠多（如不同地区的两家银行），可以通过上传模型参数在服务器上聚合并更新模型，这称为横向联邦学习（horizontal federated learning，HFL）；而当样本重叠多但特征少（如同一地区的银行和电商），则需要借助加密算法实现迁移联邦学习（federated transfer learning，FTL）；当样本和特征重合都较少但仍希望通过数据提升模型能力时，可以采用纵向联邦学习（vertical federated learning，VFL），将参与者的模型和数据迁移到同一计算空间。

联邦学习的目标是解决数据协作和隐私保护问题。传统机器学习需要将数据集中到中央服务器进行训练，这不仅增加了数据转移和存储的成本，也带来了隐私泄露的风险。

传统机器学习与联邦学习的对比如图 11-5 所示。

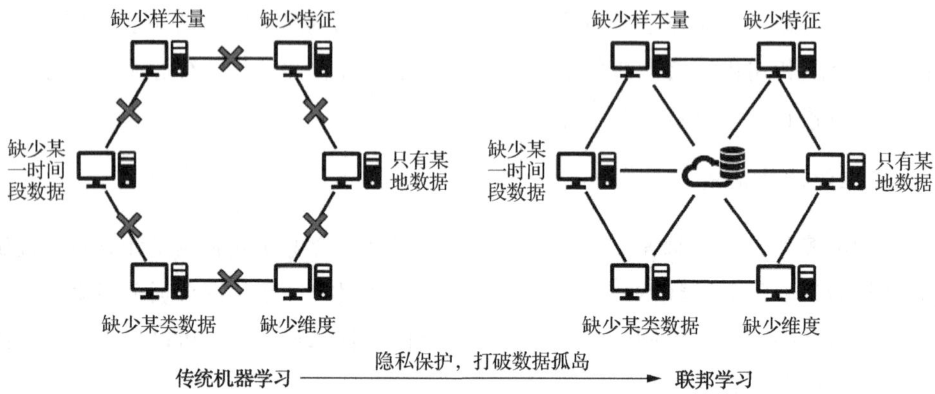

图 11-5 传统机器学习与联邦学习的对比

11.4.2 联邦学习的分类

根据训练数据在不同参与方之间的样本 ID 空间的分布情况和数据特征空间，联邦学习可被分为横向联邦学习、纵向联邦学习和迁移联邦学习。

1. 横向联邦学习

横向联邦学习也称为按样本划分的联邦学习（sample-partitioned federated learning 或 example-partitioned federated learning），可以应用于联邦学习的各个参与方的数据集有相同的特征空间和不同的样本空间的场景，类似于在表格视图中对数据进行水平划分的情况。事实上，横向一词来源于术语：横向联邦（horizontal federated）。横向联邦学习数据划分，简称“横向划分”，广泛用于传统的以表格形式展示数据库记录内容的场景，例如，表格中的记录按照行被横向划分为不同的组，且每行都包含完整的数据特征。

横向联邦学习具有两种常用的系统架构，分别称为客户-服务器（client-server，CS）架构和对等（peer-to-peer，P2P）网络架构。

客户-服务器架构也被称为主-从（master-worker）架构或者轮辐式（hub-and-spoke）架构。在这种系统中，具有同样数据结构的 K 个参与方在聚合服务器的帮助下，协作地训练一个机器学习模型。横向联邦学习系统的训练过程通常由如下四步组成。

（1）各参与方在本地计算模型梯度，并使用同态加密、差分隐私或秘密共享等加密技术，对梯度信息进行掩码处理，并将处理后的结果（简称为加密梯度）发送给聚合服务器。

（2）服务器进行安全聚合（secure aggregation）操作，如使用基于同态加密的加权平均。

（3）服务器将聚合后的结果发送给各参与方。

（4）各参与方对收到的梯度进行解密，并使用解密后的梯度结果更新各自的模型参数。

横向联邦学习系统也能够利用对等网络架构，如图 11-6 所示。在这种架构中，不存在中央服务器或者协调方。横向联邦学习系统的 K 个参与方也被称为训练方或分布式训练方。每一个训练方负责只使用本地数据来训练同一个机器学习模型。

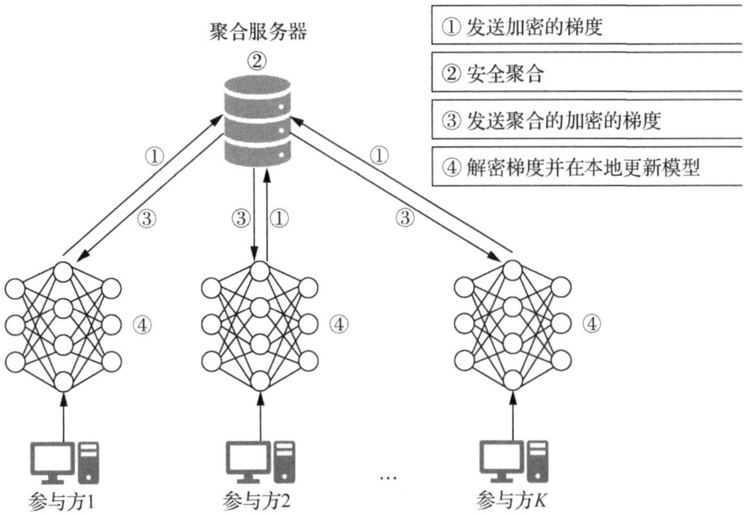

图 11-6 对等网络架构示意图

由于对等网络架构中不存在中央服务器，训练方必须提前商定发送和接收模型参数信息的顺序，主要有两种方法可以达到这个目的。

第一，循环传输。在循环传输模式中，训练方被组织成一条链。第一个训练方（即链首）将当前的模型参数发送给它的下一个训练方。该训练方接收来自上游的模型参数后，将使用来自本地数据集的小批量数据更新收到的模型参数。之后，它将更新后的模型参数传输给下一个训练方，即训练方 1→训练方 2，训练方 2→训练方 3，…，训练方 $K-1$→训练方 K，然后训练方 K 再回到训练方 1。这一过程被持续重复，直到模型参数收敛或达到允许的最大训练时间。

第二，随机传输。在此模式中，第 K 个训练方 T_K 随机选择一个目标训练方 T_i（其中 i 是不等于 K 的任意其他训练方），将当前的模型参数发送给 T_i。在接收到参数后，目标训练方 T_i 通过使用本地数据集中的小批量数据对接收到的模型参数进行更新，并计算损失函数的梯度。更新后的模型参数会被传递给另一个随机选择的训练方 T_j，其中 $j \neq i$，这一过程重复进行，直到所有训练方达成共识，认为模型参数已收敛，或达到设定的最大训练时间。通过这种方式，随机传输模式能够提高信息传播的速度和效率，同时增加系统的鲁棒性。

2. 纵向联邦学习

纵向联邦学习适用于拥有相同样本空间但不同特征空间的多方数据，通过共同样本数据进行安全联合建模，在金融和广告等领域有广泛应用。与横向联邦学习相比，纵向联邦学习的参与方需协同完成数据求交、模型联合训练和推理，因此技术实现更为复杂，且随着参与方数量的增加复杂度也随之增加。

纵向联邦学习架构示意图如图 11-7 所示。纵向联邦学习的系统训练通常包括以下阶段。

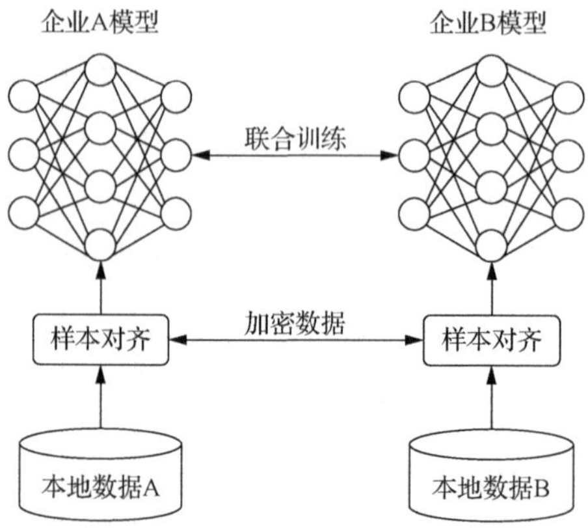

图 11-7　纵向联邦学习架构示意图

（1）样本对齐：首先对齐企业 A 和企业 B 中具有相同 ID 的样本数据。在数据对齐阶段，采用加密算法保护数据，确保任何一方的用户数据不被暴露。隐私集合求交（private set intersection，PSI）技术是常用的解决方案，基于公钥加密、不经意传输协议等多种实现方案各有优劣。具体应用时，需要根据实际场景选择最佳方案。

（2）联合训练：确定共有用户数据后，使用这些数据协同训练模型。训练过程中，模型参数信息以加密方式传递。通常引入一个可信的第三方协作者 C 作为中心服务器，负责产生和分发密钥，并对加密数据进行解密和计算。但在两方联邦学习的场景中，可以由具有标签数据的企业 A 充当中心服务器角色。

下面以一个包含第三方协作者 C 的方案来描述纵向联邦模型联合训练过程，其训练过程如图 11-8 所示。

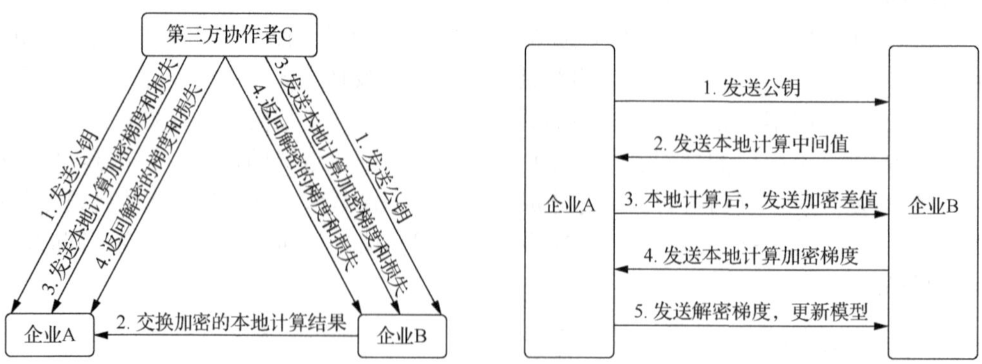

（a）有第三方协作者的联合训练　　（b）无第三方协作者的联合训练

图 11-8　联合训练示例

第一步：由第三方协作者 C 创建密钥对，将公钥发送给企业 A 和 B。

第二步：在企业 A 和 B 侧分别计算梯度和损失计算需要的中间结果，并进行加密和交换。

第三步：企业 A 和 B 分别计算加密梯度和添加掩码。同时企业 A 还将计算加密损失值。计算完成后，企业 A 和 B 向第三方协作者 C 发送加密后的值。

第四步：第三方协作者 C 对梯度和损失值解密，然后将结果发送回企业 A 和 B。

第五步：企业 A 和 B 将收到的值首先去除梯度上的掩码，然后更新本地模型参数。

在训练过程中，企业 A 和 B 之间的任何敏感数据均经过加密后再传出信任域。同态加密（homomorphic encryption，HE）是常用的算法之一。模型联合训练完成后可投入生产环境进行部署。由于纵向联邦学习中每个参与方拥有部分模型结构，因此推理需要双方协作完成，流程类似于联合训练。第三方协作者 C 将推理数据 ID 发送给企业 A 和 B，双方在本地完成推理计算后将结果加密传输给 C，由 C 计算出模型的最终联合推理结果。

3. *迁移联邦学习*

迁移联邦学习是纵向联邦学习的一种特例。与纵向联邦学习相似的是，迁移联邦学习同样面对数据特征维度重叠部分较少的情况。然而，迁移联邦学习面临的挑战更加严峻，因为用户特征维度之间的重叠也很少，两组数据只能在某种程度上被视为属于相同类别。迁移联邦学习正是为了识别这些共同点而提出的。

为了更好地理解迁移联邦学习，可以用一个形象的比喻来说明：模型就像我们饲养的羊，而羊吃的草就是所谓的训练数据。传统的方法是通过外部获取草料或者自产草料来喂羊，使羊不断强壮。而迁移联邦学习则更像是让羊在不同的牧场中自主觅食，通过在不同牧场中吃草，羊最终变得更加强大。模型也是如此，通过在不同的数据集之间游走，模型不断强化，最终成为一个强大的通用模型。

迁移联邦学习依托于现有的迁移学习算法，并结合联邦学习框架来保护数据隐私，例如通过同态加密技术。在此基础上，利用现有的迁移学习算法进行模型的聚合。由于这两个领域目前尚未完全成熟，迁移联邦学习仍然处于早期阶段。然而，从当前的需求来看，迁移联邦学习为训练通用 AI 提供了良好的思路。它不仅能够解决数据孤岛间的信任问题，还能通过迁移学习算法实现不同模型的转移和聚合。通过不断增强相关模型，最终聚合的通用 AI 模型可以达到理想的效果。

11.5　图神经网络

近年来，深度学习彻底改变了许多机器学习任务，从图像分类和视频处理到语音识别和自然语言理解。这些任务中的数据通常表示在欧几里得空间中。然而，在越来越多的应用场景中，数据来源于非欧几里得域，并表示为存在复杂关系和对象间相互依赖的图结构。图 11-9 展示了欧几里得数据与非欧几里得数据的对比：图（a）是图像，其像素坐标可以由欧几里得空间的数据表示；图（b）是图，代表非欧几里得空间的数据。

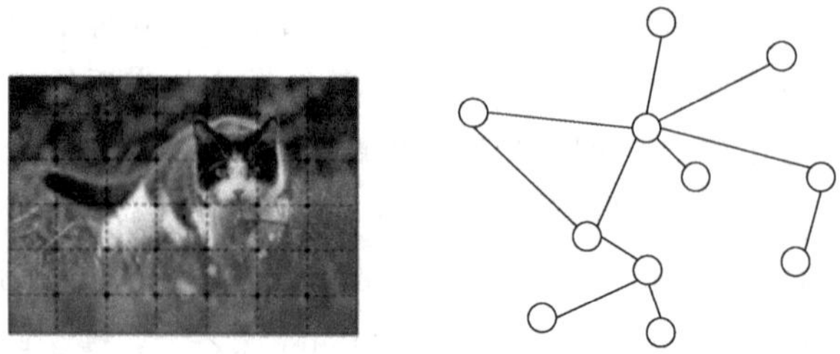

（a）　　　　（b）

图 11-9　欧几里得数据与非欧几里得数据对比

传统的神经网络架构，如卷积神经网络和循环神经网络，通常处理欧几里得空间的数据结构，难以有效处理如图和流形这样的非欧几里得空间数据。因此，对于这类数据，图神经网络（graph neural network，GNN）更为适合。

11.5.1　图神经网络的定义

图神经网络是一类使用神经网络来学习和处理图结构数据的算法。这些算法旨在提取和发掘图结构中的特征和模式，以满足聚类、分类、预测、分割和生成等图学习任务的需求。

从定义可以看出，图神经网络主要由“图”和“神经网络”两部分组成。其中，“图”指的是图论中的图数据，而“神经网络”则是用于解决实际问题的各种神经网络模型，如多层感知机、卷积神经网络和循环神经网络等。

将一个图数据输入图神经网络中，会得到一个输出图。根据具体任务的需求，输出图与输入图相比，图中的节点、边或全局信息可能会发生变化，从而能够提取出与下游任务相关的信息。

与语音和文字相比，图可以表达更加广泛的信息。从社交网络中人与人之间的关系到化学分子的结构组成，以及现实世界中的地铁网络和包含器件布线的电路图等，只要将这些内容构建为图数据，并建立良好的图结构，就可以利用图神经网络进行计算。以节点为计算目标，可以预测社交网络中用户的标签，判断用户是否为恶意账户；而以边为目标，对图结构中的边属性进行预测，推荐系统就能找到适合用户的商品；以整张图为基础进行分类或生成，可以对药物分子进行分类或预测新的有效分子组成。

11.5.2　图神经网络的分类

1. 图卷积网络

图卷积网络（graph convolution network，GCN）将卷积运算从传统数据（图像等）推广到图数据。其核心思想是学习一个函数映射 $f(\boldsymbol{g})$，通过该映射图中的节点 $\boldsymbol{v}_i$ 可以聚合自己的特征 $\boldsymbol{x}_i$ 与邻居特征 $\boldsymbol{x}_j, j \in \text{Neighbor}(\boldsymbol{v}_i)$ 来生成节点 $\boldsymbol{v}_i$ 的新表示。图卷积网络是许多复杂图神经网络模型的基础，包括基于自动编码器的模型、生成模型和时空网络等。图 11-10 展示图卷积神经网络学习节点表示的步骤。

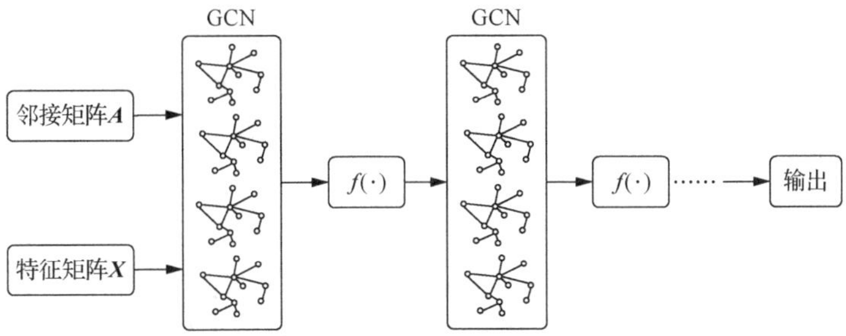

图 11-10　图卷积神经网络学习节点表示的步骤

图卷积网络层通过聚合来自邻居节点的特征信息来构建每个节点的隐藏表示。在特征聚合之后，应用非线性变换以获取输出，通过层叠的多层结构，每个节点的最终隐藏表示能够从其邻域中接收信息。

图卷积网络方法可以分为两大类：基于频谱和基于空间的方法。基于频谱的方法利用图信号处理的角度，引入滤波器来定义图卷积，其中图卷积操作被解释为从图信号中去除噪声。基于空间的方法则将图卷积视为从邻居节点聚合特征信息的过程，当图卷积网络的算法在节点层级运行时，可以通过图池化模块与图卷积层交错使用，将图简化为更高级的子结构。

2. 图注意力网络

注意力机制如今已广泛应用于基于序列的任务中，其优点在于能够突出数据中最重要的部分，这一特性在许多任务中（如机器翻译和自然语言理解）被证明极其有用。随着越来越多的模型融入注意力机制，图注意力网络（graph attention network，GAT）也因此受益。在聚合过程中，图注意力网络利用注意力机制，整合多个模型的输出，并生成针对重要目标的随机游走。

3. 图自动编码器

图自动编码器（graph autoencoder，GAE）是一种无监督学习框架，它将节点或图编码到潜在的向量空间中，并从编码信息中重建图数据。图自动编码器用于学习网络嵌入和图生成分布。在网络嵌入任务中，图自动编码器通过重构图结构信息（如图的邻接矩阵）来学习潜在的节点表示；在图生成任务中，一些方法逐步生成图的节点和边，而其他方法则一次性输出整个图。图 11-11 展示图自动编解码器的工作步骤。

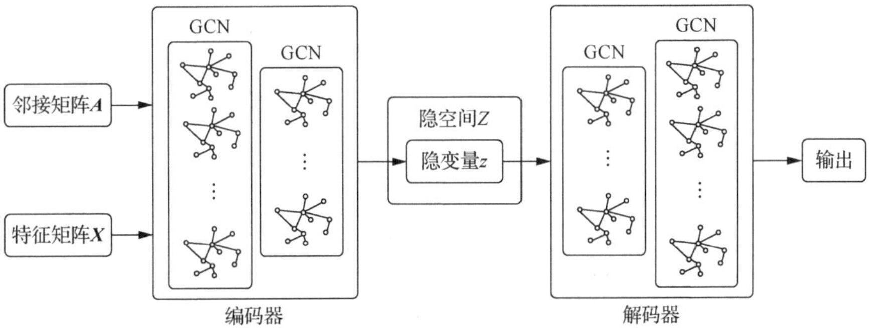

图 11-11　图自动编解码器的工作步骤

编码器使用图卷积层为每个节点获取网络嵌入，而解码器则通过计算给定网络嵌入的成对距离来重构图。在应用非线性激活函数后，解码器重构图的邻接矩阵，并通过最小化真实邻接矩阵与重构邻接矩阵之间的差异来训练网络。

4. 图生成网络

图生成网络（graph generative network，GGN）的目标是在给定一组观察到的图的情况下生成新的图。其许多方法都是领域特定的。例如，在分子图生成中，一些研究模拟了称为 SMILES 的分子图字符串表示；在自然语言处理中，生成语义图或知识图通常以给定的句子为条件。一些研究将生成过程视为节点和边的交替形成，而另一些研究则采用生成对抗训练。这类方法要么使用 GCN 作为构建模块，要么使用不同的架构。

5. 时空图神经网络

时空图神经网络（spatial-temporal graph neural network，STGNN）旨在从时空图中学习隐藏模式，其核心思想是同时考虑空间依赖和时间依赖。这在交通速度预测、驾驶员行为预期和人类行为识别等应用中变得越来越重要。目前的许多方法集成了图卷积来捕获空间依赖性，并使用循环神经网络或卷积神经网络来对时间依赖性进行建模。图 11-12 给出了一种用于时空图预测的图时空网络模型。

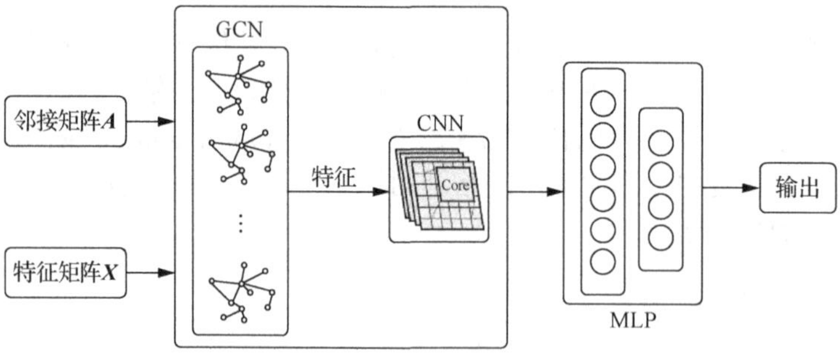

图 11-12 一种用于时空图预测的图时空网络模型

图卷积层后是 1 维 CNN 层，图卷积层对 $\boldsymbol{A}$ 和 $\boldsymbol{x}^{(t)}$ 进行操作以捕获空间依赖性，而 1 维 CNN 层沿时间轴在 x 上滑动以捕获时间依赖性。输出层是线性变换，为每个节点生成一个预测，如它在下一个时间步的未来值。

11.5.3 图神经网络的应用

图神经网络在计算机视觉、推荐系统、交通、化学等领域中得到了广泛应用。

1. 计算机视觉领域

图神经网络是计算机视觉领域的重要工具之一。研究人员在场景图生成、点云分类与分割以及动作识别等方面探索了图结构的方法。在场景图生成中，利用对象之间的语义关系可以帮助理解视觉场景的深层含义。给定一幅图像，场景图生成模型能够检测和识别对象，并预测对象之间的语义关系。在点云分类与分割中，点云是一组由激光雷达扫描生成的三维点。对此任务的有效解决能够让激光雷达设备更好地感知周围环境，这对无人驾驶车辆尤为重要。在动作识别中，识别视频中的人类动作有助于机器更好地理解视频内容。

2. 推荐系统

基于图的推荐系统将物品和用户表示为节点，通过利用物品与物品之间、用户与用户之间以及用户与物品之间的关系和内容信息，能够生成高质量的推荐结果。

3. 交通领域

在交通领域，采用基于图的时空神经网络方法能够准确预测交通网络中的交通速度、流量或道路密度。模型的输入是一个时空图，节点表示道路传感器，边表示节点距离超过某个阈值的配对节点。每个节点包含一个时间序列作为特征，目标是预测某条道路在特定时间间隔内的平均速度，从而有效预测交通拥堵并解决旅行商问题。

4. 化学领域

在化学领域，研究人员应用图神经网络研究分子的图结构。在分子图中，原子被表示为图的节点，化学键作为边。节点分类、图形分类和图形生成是分子图的三个主要任务，这些任务可用于学习分子指纹、预测分子性质、推断蛋白质结构以及合成新化合物。

除了以上四个领域，图神经网络还可以应用于很多领域。例如，通过将图神经网络与强化学习结合，可以指导机器人将零件组装成可使用的家具。应用图神经网络的关键在于获得图数据，例如，文本可以表示为词之间的网络关系，人体结构由点组成等。基于这样的理解，图神经网络在程序验证、程序推理、社会影响预测、对抗性攻击预防、电子健康记录建模、脑网络分析、事件检测和组合优化等领域同样具有广阔的应用前景。只要存在图的地方，图神经网络就能发挥作用。

第 12 章 人工智能技术应用

12.1　人工智能的最新应用场景

AI 的快速发展正在推动众多行业发生深刻变革。从医疗、金融到制造业和交通，各个领域都在积极利用 AI 技术来提高效率、降低成本，并增强竞争力。随着 AI 算法的进步和计算能力的提升，AI 的应用已从理论研究走向实际生产和生活场景。下面将探讨 AI 在医疗、金融、智能制造、智慧城市和自动驾驶等领域的最新应用，并分析这些技术对行业的变革性影响。

12.1.1　医疗、金融与智能制造

1. 人工智能在医疗领域的应用

医疗是 AI 应用最为重要且影响深远的领域之一。通过结合大数据、机器学习和深度学习技术，AI 在医疗诊断、个性化治疗、药物研发等方面展现出巨大的潜力。

AI 在医疗诊断中表现尤为突出，特别是在疾病预测和早期筛查方面。通过分析影像、基因数据和电子病历，AI 可以预测疾病的发展趋势。尤其是在癌症和心血管疾病等重大疾病的筛查中，AI 的深度学习模型可以帮助医生更早期地发现病变。例如，在肺癌筛查中，AI 系统能够精准识别计算机断层扫描（computed tomography，CT）图像中的微小病灶，大幅提高诊断的准确性和效率。此外，AI 还被用于病理学图像分析，协助医生更快速、准确地评估组织切片中的病变区域。

个性化医疗也是 AI 技术的受益领域之一。通过分析患者的基因数据、生活习惯和病史，AI 可以帮助制订个性化的治疗方案，从而提高治疗效果并减少副作用。这种精准医学的实践对于癌症和罕见疾病的治疗尤为重要。此外，AI 在基因编辑和细胞疗法等前沿技术中也起到辅助作用，加速医学研究进程。

在药物研发领域，AI 帮助大幅缩短新药的研发周期，降低成本。AI 通过虚拟筛选和模拟实验，预测药物分子结构对特定疾病的疗效，甚至发现潜在的药物组合，从而提高药物开发的成功率。这一技术在多个制药企业中得到了应用，显著加快了新药的上市进程。

2. 人工智能在金融行业的智能化应用

金融行业是 AI 技术应用最成熟的领域之一。借助数据分析、自动化决策和预测模型，AI 已经在智能投顾、反欺诈检测和高频交易等多个场景中得到了广泛应用。

智能投顾是近年来金融科技领域的重要创新。AI 通过分析投资者的风险偏好、财务状况和市场数据，提供个性化的投资建议和资产配置方案。相比传统的理财顾问，AI 能够更精准地捕捉市场变化，并迅速调整策略，帮助投资者实现更高收益。

反欺诈检测是 AI 在金融领域的另一重要应用。AI 通过大数据分析和机器学习，实时检测交易异常，识别潜在的欺诈行为。通过学习正常交易模式，AI 系统能够发现不符合常规的行为并即时发出警报，从而显著减少欺诈事件。

高频交易高度依赖 AI 技术。AI 通过分析大量市场数据并在毫秒级别做出交易决策，捕捉市场的细微波动，以实现利润最大化。这种高度依赖高速计算能力和精准算法模型的交易方式已成为金融市场中不可或缺的一部分。

3. 智能制造与工业 4.0

智能制造是 AI 在工业领域最具革命性意义的应用之一。通过将 AI 技术融入生产流程和设备管理，智能制造实现了生产自动化、流程智能化和设备自适应化，大幅提升了生产效率和产品质量。

工业 4.0 的核心是通过物联网、大数据和 AI 技术的融合，实现生产设备之间的互联互通和智能控制。在这一创新制造模式中，AI 不仅能够自动优化生产流程，还可以通过预测性维护来避免设备故障。例如，AI 通过分析设备的历史数据和实时传感器数据来预测设备可能出现的故障，提前进行维修，减少停机时间。这种预防性维护模式已在多个制造行业中得到应用，如汽车制造和电子产品生产。

此外，AI 在定制化生产中也发挥了重要作用。通过 AI 驱动的生产线，制造商可以根据消费者需求灵活调整生产方案，提供个性化产品和服务。AI 分析客户的购买历史和偏好，自动调整生产参数，生产出符合个体需求的产品。这种灵活生产模式不仅提升了客户满意度，还极大提高了资源利用效率。

12.1.2 智慧城市与自动驾驶

1. 智慧城市的建设与人工智能的深度融合

智慧城市是人工智能技术在公共领域应用的集中体现。智慧城市涵盖交通管理、公共安全、环境监测等多个方面，而这些领域的高效运作依赖于 AI 技术的支持。

在交通管理方面，AI 通过对实时交通数据的分析，可以优化交通信号灯的调度，缓解城市交通拥堵问题。智能交通系统能够根据不同时段的交通流量动态调整红绿灯的运行模式，从而减少车辆等待时间，提高道路通行效率。此外，AI 还可用于预测交通事故的发生概率，通过提前采取干预措施来降低事故发生率。例如，通过分析道路摄像头和传感器数据，AI 系统可以识别出潜在的危险驾驶行为，并发出预警，提醒司机注意安全。

公共安全也是智慧城市中的重要应用场景之一。AI 通过分析城市监控视频和传感器数据，可以实时检测异常行为并发出警报。例如，AI 系统能够识别出人群中的可疑活动，如突然聚集或异常行为模式，从而帮助执法部门及时作出响应。此外，AI 还被应用于城市应急管理系统中，通过对自然灾害和突发事件的实时监测和预测，帮助城市提前做好应对准备，减少灾害损失。

环境监测在智慧城市建设中同样不可或缺。AI 通过分析空气质量、水质、噪声等环境数据，为城市管理者提供决策支持，帮助其采取有效的治理措施。例如，在空气污染严重的城市，AI 可以实时监控污染源，并通过分析气象数据预测未来的污染趋势，指导相关部门采取相应的环保措施。

2. 自动驾驶技术的突破与挑战

自动驾驶是人工智能最具前瞻性的应用之一，结合深度学习、计算机视觉、传感器技术和路径规划等前沿技术，实现了车辆在复杂环境中的自主驾驶。

自动驾驶车辆通过车身上的摄像头、激光雷达和超声波传感器等设备，感知周围环境数据，然后通过深度学习算法分析这些数据并做出决策。这项技术的应用范围从私家车扩展到公交和货运等领域，未来有望彻底改变人类的出行方式。

尽管自动驾驶技术在技术上取得了显著进展，其商业化落地仍面临诸多挑战。首先是技术可靠性的问题。在复杂的道路环境中，自动驾驶系统需要处理多种不确定因素，如行人、其他车辆的随机行为和复杂的道路条件。尽管深度学习算法能够帮助自动驾驶系统识别并应对大多数情况，但在极端情况下，自动驾驶系统的表现仍难以完全媲美人类驾驶员。其次是法律和伦理问题。自动驾驶车辆的普及必然会引发关于责任归属的讨论。例如，当自动驾驶车辆发生事故时，责任应由车辆制造商、AI 系统开发者还是车辆所有者承担？此外，如何确保自动驾驶系统在突发情况下做出符合伦理的决策，也是技术开发者和法律制订者需要共同面对的难题。

尽管挑战重重，自动驾驶的未来仍然充满希望。随着 AI 技术的不断进步、传感器精度的提升以及政策法规的逐步完善，自动驾驶有望在未来成为主流出行方式，为城市交通带来革命性的变化。

12.2 人工智能的伦理与社会挑战

在隐私和数据安全方面，随着 AI 系统对大规模数据的依赖，如何在不侵犯个人隐私的情况下提升 AI 的性能成为技术发展的核心问题之一。同时，算法偏见问题也受到广泛关注，由于 AI 模型依赖于训练数据，若数据本身存在偏差，AI 系统可能会在决策中产生偏见，从而影响社会公正性。最后，深度伪造技术的发展不仅给娱乐和媒体行业带来了变革，也引发了深刻的伦理反思，如何应对虚假信息传播和隐私侵权成为亟待解决的社会挑战。

12.2.1 隐私与数据安全

1. 隐私侵犯与数据滥用的风险

AI 的发展依赖于大规模数据的获取和处理。这些数据不仅包括传统的金融交易记录、网络行为数据，还涵盖了医疗健康记录、社交媒体信息，甚至个人的生物识别数据（如指纹、面部特征、基因数据）。如此广泛的数据收集和处理，使得隐私泄露和数据滥用的风险大幅增加。

例如，AI 算法在个性化广告推荐、用户画像生成等商业应用中，通过分析用户的行为习惯来推断其个人兴趣、生活偏好，甚至健康状况。然而，用户的个人数据一旦被滥用或泄露，不仅会造成个人隐私的严重侵犯，还可能被不法分子利用进行诈骗、敲诈等犯罪活动。

在医疗领域，AI 通过分析患者的基因数据和病历，能够进行精准的疾病预测和个性化治疗，但患者的健康数据也是高度敏感的个人隐私。如果这些数据在未获授权的情况下被泄露或滥用，可能导致患者在就业、保险等方面遭受不公平对待。因此，如何在 AI 技术发展的同时确保个人隐私得到有效保护，成为一个亟需解决的伦理难题。

2. 数据安全与网络攻击

随着 AI 系统在关键行业（如金融、医疗、能源等）的应用增多，AI 系统本身成了潜在的攻击目标。黑客可能通过攻击 AI 系统，获取敏感数据或操控 AI 系统做出错误决策。近年来，针对 AI 的“对抗性攻击”成为一个热门话题，即通过向 AI 模型输入微小的扰动数据（如修改图片的少量像素），让模型做出完全错误的判断。例如，在自动驾驶中，攻击者可以通过轻微篡改道路标志，导致 AI 系统误识别，从而引发严重的交通事故。

为了应对隐私侵犯和数据安全问题，国际社会和各国政府正在努力通过立法来加强个人隐私数据的保护。欧盟的《通用数据保护条例》是全球范围内隐私保护立法的典范，通过严格的数据收集和使用规则，要求企业在处理个人隐私数据时获得用户的明确同意，并确保数据的透明处理和安全存储。类似的立法趋势正在其他地区逐渐扩展，但如何平衡 AI 发展与数据隐私保护仍是各国政策制订者面临的重大挑战。

12.2.2 算法偏见与应对措施

1. 算法偏见的来源与影响

算法偏见是 AI 发展中的另一个关键伦理问题。AI 系统通过分析历史数据进行训练，而这些数据往往反映出人类社会中的偏见和不平等。因此，如果 AI 系统在没有充分考虑伦理问题的情况下被应用，可能会放大或延续现有的社会不公。

例如，在招聘过程中，一些公司开始使用AI来筛选求职者简历，以提高招聘效率。然而，如果训练数据中存在性别或种族歧视（例如，过去的招聘偏好更倾向于男性或某些种族），AI系统可能会倾向于推荐背景类似的候选人，从而排斥其他群体。类似的问题还出现在司法领域的"量刑算法"中，该算法被用于评估犯人是否有再犯风险。然而，算法的预测结果可能受到种族数据的影响，导致某些种族的犯人被错误地判定为高风险，进而受到更严厉的惩罚。

2. 应对算法偏见的策略

为了解决算法偏见问题，研究人员和政策制订者提出了多种应对策略。首先，AI系统的开发者应该对数据进行充分的审查，确保训练数据具有多样性和代表性，避免数据中的历史偏见被AI模型学习并应用。其次，透明的算法设计和解释性AI也至关重要，即开发出能够解释其决策过程的AI系统，以便相关方能够识别并纠正其中的偏见。

社会各界应进一步加强对算法的监管，确保AI应用不会引发新的不公平现象。例如，美国和欧盟已经开始研究如何通过立法来规范AI系统的公平性，要求企业对AI系统的决策透明度和公平性负责。通过这些措施，社会可以更好地应对算法偏见带来的伦理挑战，推动AI技术朝着更加公平和可持续的方向发展。

12.2.3 工作替代与社会影响

1. AI对劳动市场的冲击

随着AI技术的快速进步，自动化和智能化逐渐取代了许多传统工作岗位，尤其是在制造业、金融、客服等劳动密集型行业。AI不仅能够执行重复性的劳动任务，还能够通过机器学习和自然语言处理技术，完成一些需要智力和决策能力的工作，如客户服务、市场分析和法律文书整理。这种技术进步在提升生产效率的同时，也对劳动市场产生了深远的影响。

例如，在制造业领域，AI驱动的自动化系统可以全天候不间断地运作，替代传统的流水线工人，显著减少了企业的劳动力成本。在金融领域，AI算法能够快速分析大量数据，并提供投资建议、进行风险管理，这些任务传统上需要由金融分析师来完成。在客服领域，AI聊天机器人逐渐替代了许多基础的客户服务工作，减少了企业对人工客服人员的需求。

然而，随着AI逐步取代大量低技能岗位，劳动市场的不平等问题开始显现。低技能劳动者将面临更大的失业风险，而高技能劳动者，尤其是掌握AI技术的人员，将更加受益于这一技术变革。如何在AI技术进步的同时，确保劳动者不被技术抛弃，成为社会政策的一个重大挑战。

2. 社会应对措施

为缓解AI对劳动市场的冲击，从业者需要积极适应新的就业形势。首先，个人可以主动寻求教育和培训机会，以提升适应AI时代的技能需求，特别是在数据分析、编程、AI 算法设计等技术领域的技能。通过不断学习和技能升级，劳动者可以提高在新经济环境中的就业竞争力，找到符合市场需求的岗位。其次，从业者还可以关注和参与各类技能提升计划和再培训课程，尤其是那些能够帮助其向高技能、高需求领域转型的课程。面对自动化的快速发展，许多传统岗位可能被取代，但新的岗位也将不断涌现，劳动者可以通过掌握这些新技能，在劳动力市场上重新定位自己，寻找新的就业机会。

12.2.4　责任归属与法律挑战

1. AI 系统的责任归属问题

随着 AI 技术在自动驾驶、医疗诊断和金融决策等高风险领域的广泛应用，AI 系统责任归属的问题变得日益复杂。在传统的法律框架中，责任的界定通常是基于人的行为。然而，AI 系统的自主决策和行为超出了人类的直接控制范围，导致责任归属变得模糊不清。

以自动驾驶为例，假设自动驾驶汽车发生交通事故，责任应由谁承担？是车辆制造商、AI 系统开发者，还是车主？类似的问题还出现在医疗领域。如果 AI 诊断系统提供了错误的诊断建议，导致患者延误治疗或受伤，责任归属问题同样难以明确。

2. 法律框架的调整

为了应对 AI 系统带来的责任归属问题，法律框架需要进行相应调整。首先需要明确 AI 系统开发者、制造商和使用者各自的责任界限，以确保在 AI 系统出现问题时，相关方能够承担相应的法律责任。此外，法律应考虑引入新的责任形式，如“产品责任”或“开发者责任”，以适应 AI 时代的特殊情况。

法律框架还需要在保护公众安全和促进创新之间取得平衡。如果法律过于严格，可能会抑制 AI 技术的发展和应用；如果法律过于宽松，则可能导致责任不明、公众安全得不到有效保障。因此，制订合理的法律规则是确保 AI 技术健康发展的重要步骤。

12.2.5　深度伪造与虚假信息传播

深度伪造技术利用生成对抗网络等 AI 技术生成虚假图像、视频或音频。尽管此技术在影视娱乐、广告创作等领域具有积极应用，但也带来了严峻的伦理和社会挑战。

不法分子可能利用深度伪造技术制作虚假视频，用于传播虚假信息或抹黑公众人物。这种虚假信息的传播不仅对个人隐私和声誉造成伤害，还可能对社会的稳定性和公信力产生严重影响。

为了应对深度伪造技术带来的挑战，需要从技术手段和法律监管两方面入手。一方面，研究人员正在开发 AI 驱动的检测工具，能够识别虚假图像和视频，帮助公众辨别真假。另一方面，政府和相关机构也在制订法律法规，禁止恶意使用深度伪造技术进行犯罪活动，并对相关行为施以严厉处罚。

12.3 人工智能的技术瓶颈与限制

尽管人工智能技术取得了长足的进步，但当前技术仍面临一系列瓶颈与限制。本节将讨论数据依赖性、模型训练的高资源消耗、迁移学习的困难、模型可解释性以及在开放环境下的稳定性等问题。

12.3.1 数据依赖性与数据质量

1. 数据的关键作用与依赖性

AI 技术，特别是基于深度学习的模型，其核心能力依赖于对大规模数据的学习和推理。因此，数据的质量和数量直接决定了 AI 系统的性能。例如，ImageNet 数据集在计算机视觉领域的广泛应用，推动了图像分类和目标检测等任务的重大突破。

然而，这种对大数据的依赖也成为 AI 技术发展的主要瓶颈之一。一方面，高质量的标注数据难以获取。标注数据集通常需要大量人力和时间，尤其是在医疗、法律等专业领域，数据标注的复杂性和成本都很高。另一方面，许多领域的数据匮乏问题突出，特别是涉及隐私保护的敏感数据（如医疗记录和个人财务数据），使得 AI 模型难以获得足够的数据来进行有效训练。

2. 数据质量问题

除了数据数量的问题，数据质量也是一个重要挑战。训练数据中的偏差或错误可能导致模型在实际应用中产生误导性结果。例如，如果性别、种族或社会经济背景的数据中存在历史性不平等，AI 模型可能会放大这些偏见，从而在决策中产生歧视性结果。此外，数据噪声、缺失值以及数据分布不均匀也可能影响模型的泛化能力，从而降低 AI 系统在现实世界中的表现。

为应对数据依赖性的问题，研究者们正在探索几种新方法。首先，无监督学习和自监督学习的兴起，旨在减少对大规模标注数据的需求。通过在未标注数据上进行预训练，再使用少量标注数据进行微调，这些技术可以有效缓解标注数据不足的问题。其次，联邦学习的提出，通过分散的数据共享机制，解决了在不共享数据的情况下实现 AI 模型训练的难题，为隐私敏感领域的数据问题提供了新的解决方案。

12.3.2 计算资源消耗与能耗问题

1. 庞大的计算需求

随着 AI 模型规模不断扩大，尤其是像 GPT 系列和 BERT 这样的预训练模型的出现，AI 系统的计算资源需求急剧增加。以 GPT-3 为例，该模型拥有 1750 亿个参数，其训练过程需要消耗极高的计算资源。这种需求不仅体现在模型的训练阶段，甚至在实际部署和应用中，AI 模型的推理过程也需要大量计算能力。这使得在某些资源有限的环境中，AI 技术难以得到广泛应用。

2. 能耗与环境成本

除了计算资源的成本，AI 模型的能耗问题也引发广泛关注。训练大规模 AI 模型需要消耗大量电力，从而对环境产生潜在负面影响。研究估算显示，训练一个大型 AI 模型的碳排放量相当于数百次跨大西洋航班的碳足迹。这不仅违背当前全球追求可持续发展的目标，也对 AI 技术的长期发展构成伦理和环境压力。

为了解决计算资源和能耗问题，研究者们提出了一些优化方案。首先，模型压缩技术（如知识蒸馏、剪枝和量化）通过减少模型参数和计算复杂度，可以在维持性能的前提下降低计算需求。其次，边缘计算的发展为 AI 技术应用提供了新的路径，通过在靠近数据源的设备上进行推理和处理，可以减少对云计算资源的依赖，并提高实时性和效率。

12.3.3 模型可解释性问题

1. 黑盒模型的局限

当前许多 AI 系统，尤其是基于深度学习的模型，尽管在性能上表现出色，但其决策过程往往是“黑盒”的，难以解释。这种可解释性问题在某些领域尤为关键，如医疗诊断、自动驾驶和金融决策。如果 AI 系统在医疗领域提供错误诊断，医生和患者难以理解错误来源；在金融领域，算法的不可解释性可能导致不可预见的市场风险。

2. 可解释性的重要性

提高 AI 系统的可解释性不仅能增加用户对系统的信任，还能帮助开发者发现模型的潜在问题，进而提高模型的可靠性和安全性。因此，如何在保持高性能的同时提升 AI 系统的透明性和可解释性，成为当前 AI 研究的重要方向。

目前，关于可解释性的研究主要集中在两个方面：一是设计更透明的模型，如决策树和线性回归等传统机器学习方法，虽然这些模型解释性强，但处理复杂数据时性能不足；二是开发解释工具和技术，用于解释复杂模型的决策过程。例如，LIME 和 SHAP 等解释算法通过局部线性模型或特征贡献度分配，帮助用户理解 AI 模型的输出。

12.3.4 迁移学习的挑战

1. 领域迁移的难度

迁移学习指的是将 AI 模型在一个领域中获得的知识转移到另一个领域，以减少对新任务大规模数据的依赖。尽管在自然语言处理和图像识别等任务中取得了一定成功，但迁移学习仍面临诸多挑战，尤其是在跨领域迁移时，模型往往难以适应新领域的特定数据分布和任务需求。例如，一个在医疗影像数据上训练的模型可能无法直接应用于金融数据分析，除非经过大量的数据微调和领域适应。在特定领域，如无人驾驶汽车和工业制造等领域，领域间的差异更加显著，进一步增加了迁移学习的难度。

2. 泛化能力与任务适应性

迁移学习的核心挑战在于增强模型的泛化能力，使其在新任务或新领域中仍能保持良好性能。目前的迁移学习方法在处理跨领域问题时，仍依赖于大量的微调数据，这与迁移学习减少数据需求的目标相矛盾。因此，提高迁移学习的鲁棒性和任务适应性，仍是未来需要攻克的技术难题。

未来，研究者可能会通过探索无监督学习和自监督学习技术，进一步减少对目标领域标注数据的需求。通过在未标注数据上预训练模型，并对少量标注数据进行微调，AI系统有望更好地应对跨领域迁移的挑战。

12.3.5 开放环境下的稳定性与鲁棒性

1. 应对开放环境的复杂性

AI 系统在实验室条件下通常表现良好，但在开放、复杂的现实环境中应用时，可能表现不佳。例如，自动驾驶汽车在模拟环境中可以精准识别交通信号、行人和其他车辆，但在实际道路上可能遇到不可预测的情况，如天气变化、道路状况不佳或其他驾驶者的随机行为，这些情况可能导致 AI 系统做出错误决策。

2. 鲁棒性与安全性

AI 系统在开放环境中面对不确定性时，保持鲁棒性是一个重要挑战。鲁棒性指的是 AI 系统在面对噪声、异常数据或攻击时，仍能做出正确决策的能力。提高 AI 系统的鲁棒性不仅能增强其在复杂环境中的稳定性，还能提升其安全性，尤其是在涉及公共安全的应用中，如自动驾驶和智能医疗。

为提升 AI 系统在开放环境下的鲁棒性，研究者们正在探索多种技术路径。例如，通过对抗性训练，AI 模型能够在训练过程中应对各种异常数据，从而增强其抵御异常情况的能力。此外，开发更复杂的仿真环境，使 AI 系统能够在接近现实的条件下进行训练，也有助于提升其在现实场景中的表现。

12.4 人工智能的未来发展趋势

在过去的十年中，AI 的迅猛发展使其成为改变全球经济、社会和技术格局的核心驱动力之一。随着技术的持续进步和应用场景的不断扩展，AI 的未来发展前景充满无限可能。从通用人工智能（artificial general intelligence，AGI）的研究到 AI 与其他前沿技术的深度融合，未来的 AI 发展将不仅限于现有的特定任务和领域，而有可能彻底改变人类的生产和生活方式。以下内容将探讨人工智能未来可能的发展方向，重点关注几个关键趋势：AGI，大规模预训练模型的优化，AI 与物联网、量子计算、区块链、增强现实和虚拟现实技术的融合。

12.4.1　通用人工智能

当前的 AI 主要被归类为“弱 AI”，即在特定任务和领域中表现出色，如语音识别、图像识别和自然语言处理。然而，AGI 则代表了一种能够像人类一样，具备跨领域认知和推理能力的智能体。AGI 可以自主学习和解决不同任务，是人工智能研究的“终极目标”。

AGI 的研究面临巨大挑战。与当前的弱 AI 不同，AGI 要求系统能够在缺乏明确规则和数据的情况下，像人类一样适应复杂、多变的环境。这意味着未来的 AGI 必须具备更强的推理、抽象和自我学习能力。目前，尽管深度学习和强化学习等方法在某些特定领域取得了突破性进展，但距离实现 AGI 还有很长的路要走。

未来关于 AGI 的研究可能集中在以下几个方向。

（1）多模态学习：AGI 的实现可能需要突破单一数据类型的限制，能够综合处理视觉、听觉、语言等多种感知信息。通过多模态学习，AI 系统将能够像人类一样，从多种信息源中获取知识，并在复杂环境中进行决策。

（2）无监督学习：与当前深度学习依赖大量标注数据不同，无监督学习是一种不依赖人工标注的大规模学习方法。这项技术能够使 AI 系统通过自身的数据推断和反馈来学习，从而减少对标注数据的依赖。

（3）神经符号 AI：未来的 AGI 可能结合神经网络的感知能力与符号推理的逻辑能力。神经符号 AI 将为系统提供强大的计算和推理能力，帮助 AI 在复杂环境中自主进行抽象推理。

（4）记忆和自我意识：AGI 还需要具备类似人类的记忆功能和自我意识，以在长期任务中维持一致性，并对自身行为进行评估与调整。这一研究领域涉及认知科学和心理学等多学科的交叉。

尽管 AGI 的实现可能需要数十年甚至更长时间，但它无疑将是未来 AI 领域中最具颠覆性的方向之一。一旦 AGI 得以实现，它将极大地扩展 AI 的应用场景，并引发全球范围内的社会变革。

12.4.2　大规模预训练模型的优化

大规模预训练模型，如 BERT、GPT 系列等，近年来在自然语言处理领域掀起了革命性的变革。通过在海量数据上进行预训练，再通过少量的标注数据进行微调，这类模型表现出了强大的泛化能力和多任务适应能力。预训练模型的优势在于，它们能够捕捉到广泛的语言结构和语义信息，并在多个下游任务中表现出色。

然而，大规模预训练模型也存在一些挑战。首先，这类模型往往参数量巨大，计算资源消耗非常高。例如，GPT-3 拥有 1750 亿个参数，训练成本极其高昂。其次，预训练模型的“黑盒”特性导致其决策过程难以解释，特别是在应用于医疗、法律等关键领域时，透明性和可解释性尤为重要。

未来，大规模预训练模型的研究将集中在以下几个方向。

（1）模型压缩与加速：通过知识蒸馏、模型剪枝等技术，预训练模型的参数量可以大幅减少，从而降低计算资源的消耗。这将使大规模预训练模型的应用更加广泛，尤其是在边缘计算和移动设备上的部署。

（2）预训练与微调的优化：未来的预训练模型可能会通过改进训练算法，减少对大规模数据的依赖，并增强其在少量数据下的表现能力。这不仅能降低训练成本，还能使模型在新领域的迁移学习上表现得更加出色。

（3）可解释性与透明性：随着预训练模型在更多关键领域的应用，提升其决策过程的透明性和可解释性将成为未来研究的重点方向。这可能涉及开发解释性工具和模型结构的改进，确保用户能够理解和信任模型的输出。

12.4.3 人工智能与物联网的融合

物联网技术的发展正在深刻改变全球的通信、制造、物流、医疗和消费电子等行业，而 AI 与物联网的融合，即人工智能物联网（artificial intelligence of things，AIoT），将进一步加速智能化进程。AIoT 通过将人工智能嵌入联网设备，使这些设备能够自主决策、优化运行，并实现高度自动化。例如，在智能家居领域，AIoT 利用 AI 算法分析用户行为模式，自动调整家电设备的工作状态，以提升用户体验感；在智能制造中，AIoT 能够实时监测设备的运行状态，预测故障并自动进行维修，从而大大提升生产效率；在智慧城市中，AIoT 可以优化交通管理、能源分配和公共安全等方面，打造更智能化和可持续的城市环境。

AIoT 的一个重要趋势是边缘计算的兴起。边缘计算将计算任务从云端转移到本地设备，使 AI 系统能够在靠近数据源的地方进行实时处理和决策。这种模式减少了数据传输的延迟，提高了系统的实时性和安全性。

随着边缘 AI 的发展，越来越多的小型设备，如智能手机、监控摄像头和无人机，将具备强大的计算和决策能力，实现本地化的智能应用。例如，自动驾驶车辆依赖边缘计算技术处理来自摄像头和雷达等传感器的数据，以实时进行环境感知和路径规划。这一技术的发展将推动 AI 在更多实际应用场景中的落地。

12.4.4 人工智能与量子计算的融合

量子计算被视为计算机科学的下一场革命。它通过量子比特及其特性（如量子叠加和量子纠缠），大幅提升了计算能力。传统计算机在处理某些复杂任务时，其计算能力需求会随着任务复杂度呈指数级增长；而量子计算则能够同时处理多个状态，从而显著提高计算效率。

在 AI 的训练过程中，尤其是在处理大规模数据和复杂优化问题时，计算资源的需求极为庞大。因此，AI 与量子计算的结合有望加速 AI 算法的优化与应用。量子计算可以大幅缩短 AI 模型的训练时间，特别是在涉及深度学习和强化学习等复杂机器学习任务时，量子算法能够更高效地处理数据。此外，量子计算在解决组合优化问题（如物流、供应链管理和金融领域的优化问题）上表现出色，而 AI 则可以通过从海量数据中学习来找到最佳决策。这种结合将为多个行业带来深远的影响。例如，谷歌的“量子优越性”

实验证明了量子计算在特定问题上的潜在优势，而 IBM 等科技巨头也在积极探索量子计算与 AI 结合的应用场景。未来，量子 AI 将成为数据密集型行业的重要工具，帮助企业更快速地做出战略决策并提升生产效率。

尽管量子计算技术仍处于初级阶段，但其与 AI 的结合将带来一系列潜在应用。例如，在药物研发中，量子计算可以加速分子结构的模拟，而 AI 则通过分析大量生物数据，帮助研究人员筛选出潜在药物。在金融领域，量子 AI 将通过更高效的优化算法，提升金融机构的风险管理和投资决策能力。

然而，量子 AI 的实际应用仍面临许多挑战，包括量子计算硬件的稳定性和噪声控制等问题。在可预见的未来，研究人员将致力于进一步提升量子计算机的性能，并推动其在 AI 领域的实际应用。

12.4.5　人工智能与区块链技术的融合

区块链技术凭借其分布式、去中心化和安全透明的特性，为数据的存储与传输开辟了全新的模式。作为一种不可篡改的分布式账本，区块链能够在多个参与者间建立信任，无须依赖第三方中介。这项技术在金融、供应链管理和数字身份验证等领域展现了广阔的应用前景。然而，区块链在处理大规模数据时效率较低，尤其是在实时数据处理和智能合约执行等复杂应用中，传统区块链架构可能面临计算性能瓶颈。AI 的引入为应对这些挑战提供了新的解决思路。

AI 与区块链的融合在多个方面展现出互补的潜力。首先，AI 可以通过优化区块链网络性能来提高效率。例如，AI 算法能够预测并调整区块链网络中的交易流量，提升交易确认速度并降低能耗。特别是在涉及大量交易数据的场景中，AI 的预测与优化能力可显著提升区块链系统的运行效率。

其次，AI 还能增强区块链的安全性。尽管区块链本身安全性较高，但仍面临某些风险，如 51%攻击与智能合约漏洞等。AI 能够通过实时监控网络中的异常行为，识别潜在安全威胁，进而保护区块链网络的安全。

同时，区块链也为 AI 的发展提供了独特的价值。区块链的去中心化特性，为 AI 模型的训练数据提供了透明、安全的管理机制。例如，联邦学习作为一种新型 AI 模型训练方式，依赖多个分散节点共享数据，而区块链确保这些节点间的数据传输和模型更新过程的安全性和透明度，从而加速分布式 AI 的发展。

未来，AI 与区块链的结合有望在金融、物联网、供应链管理和数据隐私保护等领域形成强大的合力，推动新一代智能系统的创新。

12.4.6　人工智能与增强现实、虚拟现实的融合

增强现实（augmented reality，AR）和虚拟现实（virtual reality，VR）技术近年来迅速发展。AR 通过将虚拟信息叠加在现实环境中，而 VR 则通过创建虚拟环境为用户提供沉浸式体验。这些技术广泛应用于游戏娱乐、教育培训、建筑设计和医疗手术等领域。

AI 在 AR 和 VR 中的应用为用户体验带来了革命性变化。通过计算机视觉和机器学习，AI 能够实时识别用户的动作和环境，并根据用户行为动态生成相应的虚拟内容。例如，在 AR 应用中，AI 可以分析用户的周围环境，将虚拟对象精准地叠加在现实场景中，以增强互动效果。在 VR 环境中，AI 能够通过学习用户的交互模式，提供个性化的沉浸式体验。

此外，AI 还可以优化 AR 和 VR 系统的性能。例如，AI 技术可以帮助减少虚拟场景的渲染时间，从而提升图像的流畅度和清晰度。通过自然语言处理，AI 还能够为 AR 和 VR 系统提供语音控制功能，增强用户的交互体验。

未来，随着 5G 和 AI 技术的进一步发展，AR 和 VR 将变得更加普及和智能化，推动多个行业的数字化转型。

参考文献

蔡自兴，蒙祖强，2016．人工智能基础[M]．北京：高等教育出版社．

廖盛斌，2023．人工智能数学基础[M]．北京：人民邮电出版社．

罗娟，2022．计算与人工智能概论[M]．北京：人民邮电出版社．

马少平，2023．艾博士：深入浅出人工智能[M]．北京：清华大学出版社．

清华大学战略与安全研究中心，2022．人工智能与治理[M]．北京：中国社会科学出版社．

于江生，2024．人工智能的数学基础：数据之本[M]．北京：清华大学出版社．

周勇，2024．计算思维与人工智能基础[M]．北京：人民邮电出版社．